大型公共建筑项目
评价导则

中华人民共和国住房和城乡建设部　发布

中 国 计 划 出 版 社

2011　北　　京

图书在版编目（CIP）数据

大型公共建筑项目评价导则/住房和城乡建设部标准定额研究所主编．—北京：中国计划出版社，2011.10
ISBN 978-7-80242-685-6

Ⅰ.①大…　Ⅱ.①住…　Ⅲ.①大型建设项目－公共建筑－建筑工程－项目评价　Ⅳ.①TU242

中国版本图书馆CIP数据核字（2011）第193184号

大型公共建筑项目评价导则
中华人民共和国住房和城乡建设部　发布

☆

中国计划出版社出版
（地址：北京市西城区木樨地北里甲11号国宏大厦C座4层）
（邮政编码：100038　电话：63906433　63906381）
新华书店北京发行所发行
三河富华印刷包装有限公司印刷

787×1092毫米　1/16　4印张　85千字
2011年10月第1版　2011年10月第1次印刷
印数　1—6000册

☆

ISBN 978-7-80242-685-6
定价：25.00元

住房和城乡建设部关于批准发布《大型公共建筑项目评价导则》的通知

建标〔2011〕108 号

国务院有关部门，各省、自治区住房和城乡建设厅，直辖市建委（建交委），新疆生产建设兵团建设局：

为加强和改进大型公共建筑项目的管理，规范大型公共建筑项目评价工作，提高项目决策的科学化水平，根据《关于印发〈2006 年工程项目建设标准、投资估算指标、建设项目评价方法与参数编制项目计划〉的通知》（建标函〔2006〕172 号）要求，由住房和城乡建设部负责编制的《大型公共建筑项目评价导则》，经有关部门会审，现批准发布，自 2011 年 12 月 1 日起施行。

本导则的管理由住房和城乡建设部负责，具体的解释工作由住房和城乡建设部标准定额研究所负责。

中华人民共和国住房和城乡建设部

二〇一一年七月十八日

编制说明

《大型公共建筑项目评价导则》是根据国家发展改革委和原建设部下达的任务，由住房和城乡建设部标准定额研究所组织有关单位和专家共同编制的。

在编制过程中，编制组以科学发展观为指导，对大型公共建筑项目开展了广泛深入的调查研究，收集了大量资料，在认真总结大型公共建筑项目评价经验教训、开展专题研究的基础上，结合大型公共建筑项目评价的特点，以《关于加强大型公共建筑工程建设管理的若干意见》为依据，确定了《大型公共建筑项目评价导则》的内容。征求意见稿完成后，广泛征求了有关部门、单位及专家的意见，多次召开座谈会讨论，最后召开审查、复审会，会同有关部门审查定稿。

《大型公共建筑项目评价导则》由总则，项目建设的必要性分析，建设方案评价，资源利用、环境影响与节能分析，项目安全性评价，投资估算、融资与经济评价，社会评价组成。

在《大型公共建筑项目评价导则》的使用过程中，请各有关部门和单位注意总结经验，积累资料。如发现需要修改和补充之处，请将意见告住房和城乡建设部标准定额研究所（地址：北京市三里河路9号，邮政编码：100835），以便今后修订时参考。

本导则的主编单位、参编单位和编制组成员：

主 编 单 位：住房和城乡建设部标准定额研究所

参 编 单 位：中国国际工程咨询公司
国家发展和改革委员会投资研究所
中国建筑科学研究院
清华大学

编制组成员：刘春林　史富文　胡传海　李明哲　吴召南　马小丁　宋　波
王守清　朱晓姣　李佳嵘　刘　咏　林　艳　秦咸悦　朱　洪

二〇一一年七月

目　　录

大型公共建筑项目评价导则

1 总　　则

1.1 为加强大型公共建筑项目管理，规范大型公共建筑项目评价工作，提高项目决策的科学化水平，制定本导则。

1.2 本导则适用于政府投资的大型公共建筑项目前期研究工作，其他资金来源的大型公共建筑项目，可根据项目具体情况参照本导则执行。

1.3 大型公共建筑一般指建筑面积 20000m^2 以上的办公建筑、商业建筑、旅游建筑、科教文卫建筑、通信建筑以及交通运输建筑。

1.4 大型公共建筑项目按照经济目标，可分为经营性项目和非经营性项目。经营性项目中，按照运营方式，可分为有运营收入项目和无运营收入项目。

1.5 大型公共建筑项目具有公用性、服务性、社会关注度高、配套设施条件要求高、安全性要求高等特点。

1.5.1 公用性。大型公共建筑为公众所共同享用，人员流动性大、密集度高。

1.5.2 服务性。大型公共建筑项目具有为公众的物质文化生活提供服务的功能。

1.5.3 社会关注度高。大型公共建筑项目投资多、建设规模大，公共资源消耗多，社会影响广泛。

1.5.4 配套设施条件要求高。大型公共建筑项目对交通、能源供应、资源利用等基础设施配套要求较高、依赖性强。

1.5.5 安全性要求高。大型公共建筑要保障公众及周边环境的安全。

1.6 针对大型公共建筑项目的特点，大型公共建筑项目的评价应重点关注以下方面：

1. 应注重功能适用、安全可靠，在经济合理的前提下提倡艺术创新，建筑应能满足公众需求，便于使用，具有较高的使用效率。

2. 将人的因素放在中心位置予以考虑，应充分听取广大群众的意见，考虑项目与当地人口之间的互动关系。

3. 应突出项目的安全性评价，重点评价建筑物的安全性、建筑安全管理情况、建筑对周边环境安全的影响，保障公众及周边环境的安全。

4. 应突出项目与当地社会的相互适应性评价，项目建设应符合当地的文化传统特色，建筑的风格应与当地城市风格相适应，项目建设水平应与当地经济社会发展水平相适应。

5. 应突出资源利用、环保及节能评价，项目建设应符合土地利用和城市规划、节能、节地、节水、节材、环保、安全等准入条件，符合建设资源节约型、环境友好型社会及可持续发展的要求。

6. 项目所产生的效果一般具有较强的外部性，投入与产出关系难以精确计量，要根据项目所处行业的特点，合理选择客观反映其经济效果和社会影响的评价方法与指标，定量和定性评价方法相结合。

7. 项目效果具有多元化特征，评价中应建立合理的评价指标体系，在选址、规模、建筑方案、建筑风格等方面进行多方案比较。

1.7 大型公共建筑项目评价应以人为本，坚持客观、公正、科学、民主的原则，注重方案比较。

1.8 大型公共建筑项目评价应包括：项目建设的必要性分析，建设方案评价，资源利用、环境影响与节能分析，项目安全性评价，投资估算、融资与经济评价，社会评价。

2 项目建设的必要性分析

2.1 大型公共建筑项目建设的必要性分析，应从项目建设的背景和理由、项目合规性、公共需求、项目建设的基本条件等方面进行论证。

2.2 大型公共建筑项目建设背景和理由应从以下方面进行分析：

1. 项目建设背景：项目的历史情况和现实要求。

2. 项目建设理由：提供公共服务，满足社会公众需求；改善地区经济社会发展环境和条件；增强社会安全保障能力。项目建设理由一般应从项目本身和宏观两个层次进行分析。

2.3 大型公共建筑项目合规性分析，应综合考虑行业的成熟与开放程度、公共设施内部管理机制、城市综合经济发展环境等因素，从以下方面进行论证：

1. 符合合理配置和有效利用资源的要求。

项目建设应以公众利益最大化为目标，重点评价项目建设的经济社会效果产出与投入的各种资源消耗之间的对比关系，合理配置和有效利用资源。

2. 符合区域规划、行业发展规划、城市规划的要求。

项目目标应与规划内容相协调；项目布局应符合城市规划的要求；方案设计应符合所在地块的控制性详细规划的有关规定；建筑设计应重视保护和体现城市的历史文化、风貌特色；项目的规模和标准要与地区经济发展水平相适应。

3. 符合国家产业政策和技术政策的要求。

项目目标应符合所属行业的产业结构调整、产业发展方向、产业空间布局等要求；项目技术方案和服务方案应符合有关产业政策、技术政策的要求；项目应符合有关建设标准和规范的要求。

4. 符合保护环境、可持续发展的要求。

项目建设应符合节能、节地、节水、节材、环保、安全等准入条件，符合建设资源节约型、环境友好型社会及可持续发展的要求。

2.4 大型公共建筑项目的公共需求分析，应从现状调查、供需预测、供需平衡分析和价格预测四个方面进行论证。

2.4.1 现状调查，包括当地居民的需求状况、社会总容量、供应能力等，重点考察当地的人口数量、社会经济发展水平、人均收入、物价水平、交通流量等指标。

2.4.2 供需预测，包括供应预测及需求预测，供应预测应对在建的和规划建设的同类公共建筑设施的规模、能力进行预测；需求预测应在预测期内对本地区城市社会经济发展对同类公共建筑设施的需求量进行分析。

2.4.3 供需平衡分析，在供需预测的基础上，分析公共服务在生产运营期内的供需平衡情况和满足程度，以及可能导致供需失衡的因素和波及范围。

2.4.4 价格预测，应根据政府价格政策，以及消费者意愿和承受能力，预测服务产品的价格。预测价格时，应对影响价格形成与变化的因素进行分析，科学地确定项目收费标准和经营成本。

2.5 大型公共建筑项目建设的基本条件是指市场条件、资源条件、技术条件、资金条件、环境条件、社会条件、施工条件、法律条件，以及外部协作配套条件等对拟建项目支持和满足的程度，考察项目建设和运营的可能性。

3　建设方案评价

3.1　大型公共建筑项目建设方案评价应从项目总体目标，项目功能定位，建设规模，场址选择，项目总体规划、工艺、建筑、结构、公用设施方案等方面进行论证。

3.2　大型公共建筑项目总体目标应从以下方面进行分析：

1. 项目市场目标，包括项目服务性质、服务对象、服务内容、服务量。

2. 项目功能目标，包括项目的基本框架和建设规模定位。

3. 效益目标，包括直接效益和间接效益。

4. 投资规模定位。

3.3　大型公共建筑项目功能定位应符合项目总体目标的要求，并从以下方面进行分析：

1. 项目功能分区的组成，应符合项目总体目标确定的服务内容。

2. 各类用房的组成、设备设施的配置应符合项目总体目标确定的服务内容和容量。

3. 功能分区、各类用房和主要设备设施的配置标准应符合项目总体目标确定的服务质量和水平。

4. 公用及辅助设备设施的配置应符合项目总体目标确定的物质环境基础条件。

5. 各功能分区建筑面积之间的比例关系应执行国家有关建设标准和规范的要求，或调查同类项目，经论证确定。

6. 项目功能定位应充分考虑相关资源的整合和共享，避免重复建设和盲目扩大建设规模。

3.4　大型公共建筑项目的建设规模的确定是控制投资总量的关键环节，应在满足项目总体目标、功能定位的前提下，达到合理规划布局、节约建设投资、降低运营成本的要求。并从以下方面进行分析：

1. 确定建设规模应坚持以人为本，满足功能使用要求；依据充分，论证科学；立足现实，着眼未来；避免主观随意、盲目攀比和贪大求全的原则。

2. 建设规模的确定主要考虑以下几个方面：项目的使用功能；市场容量对项目规模的影响；资源、能源条件和环境容量对项目规模的影响；主要市政配套条件、资金、原材料等对项目规模的满足程度。

3. 确定建设规模的主要依据包括：项目建设总体目标、功能定位及其各类用房配置；国家发布的相关建设标准及规范；政府主管部门在前期工作各个阶段批准的建设规模。

4. 改扩建项目应在认真调查原有建筑及其使用现状的基础上，有效整合，全面规划，节约投资，合理确定新增建设规模。

3.5　大型公共建筑项目的场址选择，应符合节约集约用地的规定及经济社会发展规划、城市规划的要求，并从以下方面进行分析：

1. 项目建议书阶段进行场址初选，需进行多场址比选论证，并应满足以下基本条件：

（1）场址应适合拟建项目的特点和行业要求，包括地理位置、周围人文环境、地形地貌、场地长度、宽度及其有效可利用总面积等。场址占地面积应符合有关用地指标和最小场址用地面积要求。

（2）场址应具备必要的建设和运营条件。主要包括自然条件（如地质、水文、地震、地上地下物等）和市政公用基础设施条件（如水源、电源、气源、热源、消防、排水、排污、通信、交通等）。

（3）征地拆迁条件合理可行。主要包括对拆迁和移民安置的工程量、拆迁周期和工作难度、拆迁补偿费用、地价以及地上、地下文物保护等方面进行合理性、可行性的初步分析评价。

2. 可行性研究阶段应在场址初选的基础上，进一步调研核实，场址的确定应满足以下主要条件：

（1）符合节约集约用地的原则。

（2）满足项目功能使用要求。

（3）具备项目建设条件。

（4）征地拆迁条件合理可行。包括核实地上、地下拆迁工程量、安置量，符合当地政府相关拆迁政策，测算拆迁安置所需周期及其费用，综合论证场址选择的经济合理性和可行性。必要时编制征地拆迁专项报告。

（5）改扩建项目应综合分析原址改扩建的合理性和可行性。

3.6 大型公共建筑项目的总体规划方案，应贯彻执行国家有关节能减排、环保、节约用地等政策性、技术性规定，符合当地政府有关主管部门批准的城市规划要求，满足项目使用功能、整体工艺流程、交通、绿地、场区内公用管线布置等要求，进行多方案比较，并从以下方面进行分析：

1. 项目建议书阶段的项目总体规划方案一般应从总平面布局、各类建筑的定位及其间距、道路、绿地、围墙、主出入口位置、主要规划指标参数等方面进行分析。

2. 可行性研究阶段的项目总体规划方案应重点分析：

（1）总体规划方案应在项目建议书规划方案、工艺设计、建筑、结构、水、暖、电等专业初步方案的基础上进行分析论证。

（2）建筑布局符合功能使用和工艺流程要求，功能分区明确；人流、物流、车流顺畅便捷。

（3）符合相关规范规定的用地指标，合理考虑发展用地。

（4）市政公用设施主干管线布置合理，符合节能减排要求。

（5）符合当地城市规划的要求。

3. 改扩建项目总体规划方案应摸清原址现状，充分利用原有建筑和设施，统筹建设。

3.7 大型公共建筑项目的工艺方案，主要包括项目建设整体功能分区和综合服务流程，项目各功能分区及其用房构成，主要设备设施、公用管线配置，大型设备平面、空间布置及特殊技术条件要求等内容。并从以下方面进行分析：

1. 可行性研究阶段的工艺方案，应明确项目各功能分区的构成、面积分配及公用设施设备配置要求等。

2. 初步设计阶段的工艺方案，应明确具体方案以及对各专业设计的配合要求和特殊技术条件等。

3.8 大型公共建筑项目的建筑方案，应符合适用、经济、安全的原则，注重建筑环境，营造健康舒适的空间，满足功能使用和工艺技术要求。并从以下方面进行分析：

1. 建筑方案主要评价依据包括：

（1）政府主管部门对项目建设立项审批的项目建设总体目标、基本及特殊功能定位、建筑规模、机构设置和人员编制等。

（2）工艺方案、功能分区及其各类用房组成、工艺流程等。

（3）节能、节地、节水、节材、环保等有关政策的规定。

（4）国家发布的相关标准规范。

2. 建筑造型及室内外装修。应在满足功能需求的前提下，符合地域特色、城市氛围、历史文化特征，考虑当地经济社会发展实力、人民生活消费水平、政府财政支撑能力，注重结构安全性和经济合理性。

3. 消防安全。包括建筑物防火分区划分、安全疏散系统设计、疏散通道布置、防火建材选用等。

4. 交通流线。建筑物内楼梯、电梯、大厅、通道等垂直交通和水平交通布局合理，流线顺畅、便捷、互不干扰，并规划适量疏散空间。

5. 卫生设施配置。根据服务容量和相关规范配置卫生间和卫生设备、饮水和餐饮等生活服务设施。

6. 无障碍设施配置。应按规范要求配置完善的无障碍设施。

3.9 大型公共建筑项目的结构及公用设施方案，应与工艺方案、建筑方案相协调，结构选型合理、安全可靠、先进适用，并从以下方面进行分析：

1. 给水、排水、消防方案分析主要包括：用水量，给水水源的可靠性，污水量，排水（雨、污水）出路的可靠性，消防的安全性，再生水利用，环保措施等。

2. 采暖、通风、空调方案分析主要包括：合理选用冷热源，空调采暖系统方案，消防及排烟系统方案，自动监测、控制系统方案等。

3. 供电方案应重点分析：

（1）用电负荷：负荷等级划分、负荷估算的方法和标准。

（2）外供电源：电源落实，电压等级合理，容量、线路安全可靠。

（3）供电系统：变配电系统、变配电所、应急电源系统、防雷与接地保护系统方案的可靠性、经济性、可行性。

（4）安全系统：应评价防雷、接地系统的安全性。

4. 建筑智能化应根据建筑类别、建筑规模、使用功能要求进行配置。建筑智能化方案分析重点是：系统配置应符合项目功能和系统节能运行需求；公共安全系统应安全可靠。

4　资源利用、环境影响与节能分析

4.1　大型公共建筑项目的资源利用、环境影响与节能分析应按照绿色建筑要求，从土地资源、水资源、矿产资源等方面的利用情况，污染物排放以及声、光、热环境影响，能源供应、使用方式及节能措施等方面进行分析，达到在建筑全寿命周期内，节能、节地、节水、节材、保护环境、满足建筑功能的目的。

4.2　大型公共建筑项目的资源利用应从土地资源、水资源、矿产资源等方面的利用情况进行分析，符合节约资源的基本国策，加强资源的合理有效利用，提高资源回收利用率。

4.2.1　大型公共建筑项目的土地资源利用应从以下方面进行分析：

1. 应遵循节约和集约利用土地资源的政策。控制用地规模，不得超标准占地。

2. 新建项目不宜占用耕地，当占用耕地时，耕地占补平衡方案应切实可行；改、扩建项目应控制建设用地增量。

3. 建筑容积率应符合当地规划主管部门的要求。不应在建筑平面布局及造型上盲目追新求异，浪费土地资源。

4. 应合理开发利用地下空间，提高土地资源利用效率。

4.2.2　大型公共建筑项目的水资源利用应从以下方面进行分析：

1. 应符合《中华人民共和国水法》的规定，节约用水，提高水资源利用效率，实现循环利用。

2. 大型公共建筑项目应综合利用雨水、中水，宜设立雨水、中水收集利用系统。

3. 空调采暖系统应采取有效措施降低管网的失水率；建筑内卫生器具应选用节水器具；绿化灌溉采用喷灌、微灌、滴灌等高效节水灌溉方式，实现节约高效利用水资源。

4. 大型公共建筑项目若必须采用地下水源时，应遵守当地政府关于地下水开采的规定，并申请领取取水许可证，缴纳水资源费。

5. 应按用途设置用水计量水表。

6. 一般生活污水和特殊污水处理应符合《中华人民共和国水污染防治法》的规定，采取措施使污水排放满足国家、地方及行业污水排放标准和总量控制要求。

4.2.3　大型公共建筑项目的矿产资源利用应从以下方面进行分析：

1. 应合理设计建筑结构体系，减少建筑结构材料用量。

2. 建筑造型要素简约，无大量装饰性构件，节约建筑材料。

3. 不宜采用高消耗、高能耗、高污染的建筑材料。

4. 宜选用可再循环利用的建筑材料。

5. 合理利用当地矿产资源，宜选用当地生产的建筑材料。

4.3　大型公共建筑项目的环境影响分析，应从污染物排放影响，声、光、热环境影响等方面进行分析。大型公共建筑项目应按照《中华人民共和国环境影响评价法》的规定进行环境影响评价，预防建设项目实施后对环境造成不良影响或控制环境影响在可接受程度，促进经济、社会和环境的协调发展。

4.3.1　大型公共建筑项目的污染物排放影响应从以下方面进行分析：

1. 采用煤炭、天然气、燃油等能源时，应做好废气处理，废气排放达到国家污染物排放标准和地区环境质量标准的要求。

2. 具有特定功能的大型公共建筑，存在气体、液体和固体污染源时，应采取必要的措施对污染物进行收集和处理。

医院建筑应按照国家有关医疗废弃物管理条例、医院污水处理设计规范要求合理处置医疗废弃物和医院污水。

3. 制定合理的垃圾处理方案，分类收集和处理废弃物，收集和处理过程中应避免二次污染。

4.3.2 大型公共建筑项目的声、光、热环境影响应从以下方面进行分析：

1. 按照各类建筑使用功能的特点，分析项目是否存在对周围环境的声、光、热影响。

2. 应加强对围护结构和管道的隔音、消声及设备隔声减振设计，降低噪声污染。

3. 玻璃幕墙设置应符合城市规划要求，满足采光、保温、隔热要求，还应符合国家有关玻璃幕墙光学性能标准中光学性能的要求：

（1）玻璃幕墙应采用反射比不大于0.30的幕墙玻璃。

（2）在城市主干道、立交桥、高架路两侧的建筑物20m以下，其余路段10m以下不宜设置玻璃幕墙的部位，如使用玻璃幕墙应采用反射比不大于0.16的低反射玻璃，若反射比高于此值应控制玻璃幕墙的面积或采用其他材料对建筑立面加以分隔。

（3）在T形路口正对直线路段处不应设置玻璃幕墙。在十字路口或多路交叉路口不宜设置玻璃幕墙。

4. 不得影响周围居住、教育、医疗等重要建筑的日照要求，保证日照影响范围内重要建筑满足日照标准。

5. 应采取必要措施减少热量排放，减轻城市热岛效应。

6. 绿化指标应满足城市规划部门的规定，采用合理的绿化措施，改善周围环境。

4.4 大型公共建筑项目节能分析，应从能源供应和使用方式、节能措施等方面进行分析，节约能源，提高能源利用效率。

4.4.1 大型公共建筑项目的能源供应和使用方式应从以下方面进行分析：

1. 根据国家能源政策和当地能源情况，因地制宜，多能互补，合理选择建筑物能源供应方式。

2. 鼓励利用新能源、可再生能源。应根据当地气候和自然资源条件，充分利用太阳能、地热能、风能等可再生能源和新能源。

3. 优化用能结构，有条件的建筑可采取分布式热电冷联供技术等能量梯级利用方式，提高能源的综合利用率。

4. 不采用电锅炉、电热水器作为直接采暖和空气调节系统的热源。

5. 用电负荷应合理，与外部电网供电能力匹配，减少电网负担。

4.4.2 大型公共建筑项目的节能措施应从以下方面进行分析：

1. 节能措施应技术上可行、经济上合理、环境和社会可以承受。

2. 应符合国家有关公共建筑节能设计标准的要求。

3. 大型公共建筑项目为达到节能标准要求，可以采取以下节能技术和措施：

（1）围护结构节能措施包括使用新型墙体材料、高效保温隔热材料，节能门窗及幕墙，采用遮阳措施等。

（2）空调采暖系统节能措施包括设备选型合理，选择高能效冷热源设备，加强管道保温，采用蓄冷蓄热和余热回收等节能技术，充分利用可再生能源，过渡季充分利用天然冷源，增强系统调控功能，按照使用需求合理设置系统分区，设置房间或系统的温度自动控制装置，选用节能环保型设备。

（3）风机水泵宜采用变频调速技术。

（4）变配电所位置应靠近负荷中心，采用节能变压器；选择节能型电器设备等。

（5）照明系统应充分利用自然光，采用节能照明灯具，合理选择照明控制方式，室内照明开关能够分区控制，公共区域照明采用声光感应控制，合理控制室外功能性照明和景观性照明，降低照明能耗，有条件的可利用太阳能照明。

4. 应设计能源分项计量系统，安装分项计量装置。

5. 应具有智能化系统集成功能，实现数据信息资源共享、联动控制、管控节能和优化管理。

5 项目安全性评价

5.1 大型公共建筑项目安全性评价是评价建筑物在全寿命周期内面临各种自然或人为威胁、日常使用过程中的自然劣化或受其他环境因素影响时，保障相关人员、财产和周边环境安全的能力。安全性评价应从建筑物安全性、建筑安全管理、建筑对周边环境安全的影响几个方面进行评价。

5.2 大型公共建筑项目的建筑物安全性评价对象是建筑物本身，建筑物安全性评价应对建筑物结构安全，建筑场地安全，建筑布置安全，建筑防火安全，建筑技术、材料和设备安全等方面进行评价。

5.2.1 建筑结构安全性应从以下方面进行评价：

1. 结构选型应因地制宜，与建筑类型、规模、使用功能相适应。对于地质条件不好的地区和城市，应选用整体性、抗震性好的结构形式，使建筑物在不可预见的灾害，如地震、泥石流以及其他次生灾害等偶然作用下发生局部破坏时，具有一定的阻止引发更大范围内连续倒塌或破坏的能力。

2. 建筑结构设计应符合现行各结构类型的设计规范，还应按照建筑地基基础和建筑抗震等相关设计规范来评价结构安全性。对新结构和非标准结构需组织专家进行安全性研究和论证。

5.2.2 建筑场地安全性应从以下方面进行评价：

1. 大型公共建筑应根据城市规划条件和任务要求，按照建筑与环境和谐发展的原则，对建筑布局、道路、绿化及工程管线等进行综合性的场地安全考虑。

2. 建筑物选址应注重地质水文条件，应选择在无地质灾害或洪水淹没等危险的安全地段建设。

3. 建筑场地内的人流、车流与物流应合理分流，避免相互干扰，并设有清晰明确的道路指引标志，有利于消防、停车和人员集散。

4. 建筑物主要出入口前应有按规范设置的供人员集散用的空地，且应与城市交通道路衔接。

5. 建筑配套设施的规模应满足使用需求。

6. 工程管线宜在地下敷设，在地上架空敷设的工程管线及相关设施应满足消防车辆通行的要求，不得妨碍行人和其他车辆的正常活动。

5.2.3 建筑布置安全性应从以下方面进行评价：

1. 建筑功能分区明确，平面布置应根据建筑的使用性质、功能、工艺要求，合理布局。

2. 安全疏散通道应设计完善，满足在发生紧急情况时疏散逃生的要求。

3. 建筑应根据国家有关城市道路和建筑物无障碍设计规范的要求进行无障碍设计，体现社会对弱势群体的尊重和关怀。

4. 人防工程面积、规模和配套设施与建筑及周边需求相协调，满足在紧急情况下作为避难场所使用的要求。

5. 与城市规划相协调，在灾害发生时，部分大型公共建筑应考虑作为应急避难所使用。

5.2.4 建筑防火安全性应从以下方面进行评价：

1. 应符合国家有关建筑设计防火规范的要求，特殊结构要进行单独的防火安全分析和评估。

2. 消防控制室、消防水泵、消防电梯、防烟排烟设施、火灾自动报警、漏电火灾报警系统、自动灭火系统、应急照明、疏散指示标志和电动的防火门、窗、卷帘、阀门等消防用电，应按国家有关供配电系统设计规范的规定进行设计。

3. 设有火灾自动报警系统和自动灭火系统或设有火灾自动报警系统和机械防烟、排烟设施的公共建筑，应按国家有关火灾自动报警系统设计规范的要求设置消防控制室。

5.2.5 建筑技术、材料和设备安全性应从以下方面进行评价：

1. 大型公共建筑设计、建造、使用、维护和拆除时所使用的技术手段，应符合国家、地区的技术标准。在满足建筑外观造型和使用需求的基础上，技术应可靠、实用、经济、先进。

2. 建筑用材、装饰选材应符合国家行业标准，满足建材质量要求，室内外装修工程应根据不同使用要求，采用防火、防污染、防潮、防水和控制有害气体和射线的装修材料和辅料。

3. 建筑设备，包括给水排水、燃气、采暖通风、空调、电气、防雷及电梯等，应选用符合相关规范的设备，在方案比选时应注重设备运行的可靠性和稳定性，并应与基础设施水、电、气供应量匹配。

4. 大型公共建筑应安排应急备用设备，包括紧急供电设备、通信设备及其他对建筑正常运行产生重大影响的设备，保障在紧急情况下的人员、财产和信息安全。

5. 大型公共建筑应配备完善的应急预警预报系统，包括监控调度指挥中心及与之相应的硬件设备，如监控系统、通信系统等，并配备相应的人员。

5.3 大型公共建筑的安全管理理念应贯穿于建筑的全寿命周期，建筑安全管理包括建立与建筑物相协调的安全管理制度、组织人员培训、制订防恐安全措施等。

5.3.1 应建立与公共建筑相适应的安全管理机制和相应的规章制度。举行大规模公共活动的大型公共建筑，应做好活动组织计划及应急管理预案。

5.3.2 针对大型公共建筑安全，应组织有关人员进行培训，主要包括以下方面：

1. 针对大型公共建筑选用的高科技系统、监控设备和通信设备，应制定工作人员技能培训计划，目的是组织设备使用者进行专业培训，确保设备操作正确、使用过程安全、监控调度指挥中心高效运行。

2. 应对工作人员进行安全培训和演练，使其了解各种安全隐患，防微杜渐，以及必要时采取正确的行动。

3. 应对公众使用者进行安全宣传和教育，使公众了解建筑中专门为使用者设置的安全设备、报警装置和应急逃生系统。

5.3.3 大型公共建筑的安全保障，应制定防恐安全措施，主要包括以下方面：

1. 根据常见恐怖袭击方式，分析建筑物可能遭受恐怖袭击的薄弱部位和价值较高的关键资产，有针对性地改进建筑结构、布置、功能分配和人流、车流交通组织，有条件可进行局部加固，提出大型公共建筑防恐反恐管理办法和工程技术对策。

2. 依靠监控系统和信息系统建立防恐预警预报系统，积极应对恐怖袭击。

3. 制定恐怖袭击发生后的人员、财产、信息保护和人流组织疏导方案，防止损失扩大。

5.4 大型公共建筑项目对所在城市和建筑周边居民的安全影响较大，在立项阶段应既考虑建筑的功能要求，又尽量避免建造过程和运营期间对周围环境安全的负面影响。尤其注意对周边居民、工作人员的安全影响。

5.4.1 应对建筑物使用过程中产生的垃圾、废气、废水等废弃物进行及时处理，避免污染周边环境，降抵对周边人员的工作和生活产生的不利影响；采取降噪、吸光的有效措施降低危害；通信建筑尽量远离居住区，减少电磁辐射对公众身体的伤害。

5.4.2 对交通量影响较大的建筑应重点分析建筑道路的人车分流情况以及道路车流量变化是否超过原设计容量，要考虑是否需要对城市交通系统进行相应调整，需要调整的在建筑设计中应附有周边城市交通系统调整建议书。

5.4.3 市政配套基础设施应能够供应建筑建造、使用过程需要的水、电、气等资源，对于市政基础设施不足的城市和地区，建造大型公共建筑时应配套建造部分基础设施，补足需求。

6 投资估算、融资与经济评价

6.1 大型公共建筑项目投资估算、融资与经济评价是在建设方案及项目进度分析研究并基本确定的基础上，对大型公共建筑项目投资总额及分年度投资进行估算，初步确定融资模式、资金来源与资金结构，对项目财务可接受性与经济合理性进行分析研究，从经济方面为项目投资决策提供依据。

6.2 大型公共建筑项目投资估算，主要包括总投资的构成、项目投资形成的资产、投资估算要求、建设投资计划与建设投资方案比选等内容。

6.2.1 项目总投资由建设投资、建设期利息与流动资金构成。

6.2.2 项目投资形成的资产与建设期利息构成项目的非流动资产，包括固定资产、无形资产和其他资产。大型公共建筑项目形式多样，费用的类型繁杂（如博物馆的展陈费），应视项目的具体情况，根据费用的经济属性，归属相应的资产。

6.2.3 大型公共建筑项目投资估算应符合以下要求：

1. 建设投资估算应有充分的估算依据。功能适用、安全可靠、经济合理是投资估算的基本原则。大量采用新材料、新工艺、新技术、新设备的大型公共建筑项目，投资估算应本着适度、节约的原则进行，防止虚估、高估。

2. 建设投资估算编制方法。大型公共建筑投资估算可视工程设计详尽程度与资料获取程度采用不同的方法，主要可供选择的方法有简单估算法与分类估算法。前者适用于项目建议书阶段，后者适用于可行性研究阶段，对于某些项目也可用于初步设计的概算编制。有条件时，应当先估算典型工程量，再依据相关定额计算工程投资。

3. 建设投资估算的深度。大型公共建筑项目前期各个阶段投资估算的结构与内容大体相同。随着前期工程设计工作的深入，投资估算内容表述应逐步详细，估算精度也应逐步提高，前期各阶段投资估算额与竣工结算投资额的误差应控制在允许的范围内。

4. 子项目（配套项目）建设投资。对于与其他工程共同组成一个项目的大型公共建筑子项目（如机场项目中的航站楼、铁路项目中的大型火车站等），不管其财务独立还是不独立，都应明确其子项目的建设范围和财务边界，分别估算大型公共建筑子项目本身的投资与其他子项目的投资，并提供整个项目的总投资。

6.2.4 项目建设投资计划应根据项目建设的进度计划合理安排，编制项目资金筹措与使用计划，进行融资安排。

6.2.5 方案比选是控制大型公共建筑项目投资的重要手段。大型公共建筑项目一般应有两个以上的能满足服务功能的建设方案供选择。业主在选择建设方案时，一般应在控制项目建设投资总额的前提下进行方案比选。如果不同方案投资额差距较大时，设计、咨询承包方应向业主提供最优方案与次优方案的投资差额，并说明差别理由，供业主进行投资决策。

某些类型的大型公共建筑具有创新的结构或艺术造型，这些创新造型往往会发生必要的建筑费用。有条件时，应比较基本建设方案的建设投资与包括创新结构或艺术造型的建设方案的建设投资，以供投资者权衡创新造型及其带来费用的得失利弊。

6.3 大型公共建筑项目融资分析，主要包括融资模式、融资主体、资金来源、资金构成、资本成本、资金可靠性、融资计划、建设期利息与流动资金等内容。

6.3.1 大型公共建筑项目的融资模式取决于项目的功能定位与运营方式。对于行政管理及公共事业服务等无运营收入的大型公共建筑项目，应采用政府融资模式；对于由企业投资以营利为目的大型公共建筑项目，项目有运营收入，应采用企业融资模式；对于政府与企业合作投资的大型公共建筑项目，可按企业融资模式进行融资，但要考虑政府与企业双方的运营风险。

6.3.2 大型公共建筑项目的融资主体可为新设法人或既有法人。大型公共建筑项目一般可按新设法人来融资；如果是既有法人融资，且项目运营与融资主体相对独立，仍可按新设法人的方式融资。改扩建项目适用于既有法人融资。

6.3.3 大型公共建筑项目使用的全部资金可分为资本金与债务资金两类；资本金可分为政府性资金与非政府性资金。

大型公共建筑项目融资需进行资金构成分析，确定项目资本金与债务资金的比例、项目资本金内部结构以及债务资金内部结构比例是否合理，并分析其实现条件。

大型公共建筑项目的资本金比例应按国家有关规定执行。

根据项目的运营模式，大型公共建筑项目中政府认缴的资本金可作为股份或股权。

6.3.4 有运营收入的大型公共建筑项目应进行资本成本分析。

企业投资的或政府与企业合作投资的大型公共建筑项目应综合资本金成本、债务资本成本，估算项目的加权平均资本成本，为项目财务分析确定基准收益率提供参考的依据。

6.3.5 项目资金可靠性分析。应对各投资者认缴的股本金数额及其可靠性进行分析，了解股东资产负债结构、现金流量状况和盈利能力，分析股东的财务状况、可能筹集到并用于拟建项目的现金数额及其可靠性。采用银行贷款的项目，应分析其能否取得银行的贷款承诺。

6.3.6 融资计划。应根据项目建设进度和预计用款额，合理安排项目资本金与债务资金的融资计划，及时足额融资，既不因资金有缺口造成拖欠工程款，也不因资金占用过多造成浪费。建设工期较长、债务融资较多的大型公共建筑项目，有条件时应作出季度债务融资计划，降低融资成本。

6.3.7 建设期利息是指筹措债务资金时，在建设期内发生的，并按规定允许在项目投入使用后计入固定资产原值的利息，即资本化利息。建设期利息包括银行借款和其他债务资金的利息以及其他融资费用。

6.3.8 流动资金是投资人投入的、项目运营期间周转使用所必需的资金。流动资金投资可来源于项目资本金，也可来源于债务资金。对于有运营收入的大型公共建筑项目，应作好项目所需流动资金投资估算。安排项目融资计划时应作好流动资金投资的计划。

6.4 大型公共建筑项目经济评价，主要包括财务分析、费用效益分析和方案经济比选等内容，应采用“有无对比”的基本方法进行经济评价。进行评价时，应根据项目特点，参照项目寿命期，合理设定项目计算期，项目计算期包括建设期与运营期。

6.4.1 财务分析是从投资人的立场出发，分别列出项目实体（业主）支付与收到的现金，比较财务收入与支出，判断项目的财务生存能力、偿债能力与盈利能力。

1. 对于没有运营收入的大型公共建筑项目，应作财务生存能力分析；对于有运营收入的大型公共建筑项目，应对财务生存能力、偿债能力和盈利能力进行分析。

2. 财务收入。项目运营期的财务收入包括运营收入与运营期各种类型的政府补助。

3. 财务支出与总成本。项目运营期的财务支出包括运营成本、财务费用与应缴税金。总成本为运营成本、折旧、摊销和财务费用之和。运营成本可按以现行实际成交价格（市场价格）为基础的预测价格计算。

4. 财务生存能力分析。财务生存能力分析旨在确定保证项目正常运转所需的最低财务收入。项目财务上能生存的基本原则是：财务收入≥运营成本＋还本付息。

财务生存能力分析有以下三种类型：

第一类，收入抵偿运营成本：项目财务收入＝运营成本。

第二类，收入抵偿运营成本与建设投资费用：项目财务收入＝运营成本＋折旧＋摊销。

第三类，收入抵偿运营成本、建设投资和借款利息：项目财务收入＝运营成本＋折旧＋摊销＋财务费用。

以上三种类型可适用于不同类型的大型公共建筑项目的财务生存能力分析，用以测算项目财务收入水平和不同的财务策略。第一类适用于没有运营收入或虽有运营收入，但投资人没有投资回报要求的项目；第二类适用于有运营收入、投资人全额投资且有投资回报要求的项目；第三类适用于有运营收入、项目投资人与债权人共同投资，投资人与债权人都有资金回报要求的项目。

5. 偿债能力分析。对于使用债务资金的大型公共建筑项目，根据资金筹措计划编制借款偿还表，分年度计算利息备付率和偿债备付率，据此判断项目运营期初的还款能力。对于政府投资且没有运营收入或运营收入不足的大型公共建筑项目，应分析政府资金偿还债务的能力与计划的可执行性。

6. 盈利能力分析。对于有运营收入且收支相抵有结余的大型公共建筑项目，应通过编制项目投资现金流量表与资本金现金流量表，计算内部收益率与净现值等折现指标与投资回收期等非折现指标，依据投资人设定的预期财务基准收益率，判定项目的折现盈利能力；通过编制利润与利润分配表，计算项目的总投资收益率和资本金净利润率等非折现盈利指标，判定项目的非折现盈利能力。

有债务融资的大型公共建筑项目应进行融资前分析与融资后分析，项目建议书阶段应以融资前分析为重点，可行性研究阶段的融资后分析是项目投资决策的依据。

7. 财务可持续性分析。财务可持续性分析应重点分析项目运营期内财务现金收支是否能够平衡。对于在短期内业务收入不足以弥补支出的项目，应分析项目设施各种综合利用的可能性，在内部建立相关的激励机制，通过采取各种措施使项目在尽可能短的时间内有足够的现金流入，能应对外部财务条件的不利变化，逐步减少项目的补贴，保证项目持续健康发展。

6.4.2 经济费用效益分析根据经济学的原理与方法，从全社会的范围考察项目在经济上的合理性，以确定政府资金是否有必要投入。费用效益分析可采用定量与定性相结合的分析方法。

1. 费用效益识别。项目的经济费用与经济效益指从经济学或全社会的角度看项目发生的费用与效益，经济效益指项目对社会福利的贡献，经济费用指对社会资源的耗费。经济效益包括项目实体不含转移支付的财务收入、项目为其他社会群体带来的福利和项目引发增加的环境价值。经济费用包括项目实体不含转移支付的财务支出、项目使其他社会群体增加的费用以及引发环境价值减少造成的损失。项目实体发生的经济费用和经济效益通称直接效果，其余称外部效果。

大型公共建筑项目费用效益分析首先要识别各种经济效益与经济费用，应列出各种效益或费用，并分清主次影响。

2. 费用效益估算。在识别出主要费用与效益后，根据不同种类的项目，采用适宜的方法将费用和效益定量化和货币化。费用效益估算方法可视项目的具体情况选用。

3. 费用效益指标分析。费用效益分析是在经济费用效益估算的基础上，通过编制经济效益费用流量表，计算项目经济净现值、经济内部收益率或经济效益费用比，判断项目的经济合理性。

6.4.3 方案经济比选要比较建设投资费用，更主要的是比较不同方案在项目整个寿命期内的费用与效益。

对于存在若干备选方案的项目，可采用以下方法，从经济方面比较各个方案的优劣，为投资决策提供依据。

1. 费用比选法。费用指从项目投资开始到项目计算期末各个年度所发生的各类支出，即在项目整个寿命周期发生的全部费用。费用比选方法包括费用现值比较法、费用年值比较法。费用比选法是大型公共建筑项目经济比选的基本方法。

2. 效益比选方法。效益指项目计算期内各个年度的净效益，即项目产出（收入或收益）与投入（支出）之差。效益比选方法包括净现值比较法、净年值比较法、差额投资内部收益率比较法。

3. 最低价格法。最低价格（服务收费标准）比较法，在相同产品方案比选中，以净现值为零推算备选方案的最低价格产品（P_{min}），应以最低产品价格（P_{min}）较低的方案为优。

4. 费用效果法。费用现值或费用年值与项目的设计能力（如总建筑面积）或其他非货币性产出指标的比值称为费用效果比，以费用效果比最低的方案为优。

5. 对于没有运营收入的大型公共建筑项目，只能选用适当的费用比选法。在项目设计方案招标时，不仅要比较项目建设投资费用，还应比较项目的运营费用，以项目整个计算期总费用最低为遴选原则。

对于有运营收入的大型公共建筑项目，可先用适当的费用比选法进行方案初步选择，主要分析费用对方案的影响，然后再用适当的效益比选法进一步比选，以分析费用和价格（收费）水平的综合影响。条件具备时，也可采用最低价格法。

对于产出不能或难于货币化的大型公共建筑项目，可采用费用效果法进行方案比优。

7 社会评价

7.1 大型公共建筑项目社会评价应从社会影响、利益相关者、项目与当地社会的相互适应性、社会风险、征地拆迁及移民安置、项目具备的持续发展能力等方面按步骤进行分析，提出化解、减缓社会风险及增强项目持续发展能力的对策措施。

7.2 大型公共建筑项目的社会影响分析，应确定项目产生影响的种类、范围、强度，说明原因及后果，在初步分析项目产生的社会影响的基础上，对项目的建设方案在不影响项目功能的基础上进行优化调整，实现社会负面影响最小化、正面影响最大化。并从以下方面进行分析：

1. 人口现状。包括当地人口迁移的原因、数量和结构等情况。

2. 职业结构。包括当地职业构成变化的原因、数量和结构等情况。

3. 就业状况。包括当地就业岗位变化的原因、数量和结构等情况。

4. 收入分配。包括当地人口收入变化的原因、数量和结构等情况。

5. 现有基础设施和社会服务体系。包括项目建设对道路、交通、教育、医疗、卫生等基础设施和社会服务体系的影响，特别要注意对现有基础设施和社会服务体系从业者、使用者的影响。

6. 社会资源利用。包括项目建设对供水、供电、供热和供气等资源利用状况的影响，对社会资源使用强度以及供应状况的影响，特别要重视因项目建设导致的对原有社会资源占用、使用者的影响。

7. 土地利用。包括项目建设对土地利用现状和结构的影响，特别要重视因项目建设占用土地导致的对土地使用者的影响。

8. 社会组织机构。包括项目建设对当地社会管理体系和模式的影响。

9. 社会经济的发展格局。包括项目建设对当地发展格局影响的形式和强度。

7.3 大型公共建筑项目的利益相关者分析，应从识别利益相关者、不同利益相关者在项目建设过程中所处的地位及其权力状况、不同利益相关者对项目的态度及影响三个方面进行论证。

7.3.1 识别受项目影响的利益相关者。应根据利益相关者与项目之间的利益关系和联系的程度进行识别，主要分为受项目直接影响的利益相关者、受项目间接影响的利益相关者、因项目建设受损的利益相关者、因项目建设受益的利益相关者、即受损又受益的利益相关者、大型公共建筑项目的使用者和服务对象等。不同利益相关者受项目影响的程度不同，应对受损者或受益者的损失或受益种类、水平、代价进行分析，对受损或受益程度不同的群体进行分类。

7.3.2 不同利益相关者在项目建设过程中的地位和权力状况。识别不同社会阶层的利益相关者的地位和权力状况，包括权力地位较高而对项目有影响力的群体和因权力地位较低而缺乏自我保护能力的群体。

7.3.3 不同利益相关者对项目的态度及影响。识别利益相关者对项目建设的态度，分析利益相关者对项目建设持支持、反对、不关心也不过问态度的原因和人口比例分布情况；

评价不同利益相关者对项目建设发挥的作用以及带来的影响。

7.4 大型公共建筑项目与当地社会的相互适应性分析，应从项目与当地社会发展之间的相互适应性、项目与不同利益相关者之间的相互适应性、项目与生态和自然环境之间的相互适应性三个方面进行论证。

7.4.1 项目与当地社会发展之间的相互适应性。分析项目目标与当地经济社会规划发展方向和目标的一致性，评价项目对实现当地发展目标的影响和作用；分析项目目标与其所处行业发展的方向和目标的一致性，评价项目满足行业发展规划要求的程度以及对其他相关行业发展的影响和作用；分析项目目标与项目所在地区域发展的方向和目标的一致性，评价项目对该区域生活、居住环境和条件的影响和作用。

7.4.2 项目与不同利益相关者之间的相互适应性。分析项目建设对提高或改善大多数利益相关者的收入水平、就业水平和社会福利水平的影响及作用，分析不同利益相关者对项目建设的基本态度、认同水平和人口比例分布，评价对项目建设持不同态度的不同利益相关者所获得利益补偿的合理性和合法性。

7.4.3 项目与生态和自然环境之间的相互适应性。分析项目建设对项目区域内的生态和自然环境产生的影响，不同利益相关者因此形成的对项目建设的基本态度；评价项目建设所采取的环保和生态恢复措施的有效性以及满足受影响利益相关者要求的程度和水平。

7.5 大型公共建筑项目的社会风险分析，应在项目与当地社会互适性分析的基础上，识别面临的社会风险强度和范围。当项目建设与当地社会的发展不协调，与不同利益相关者之间有较大矛盾并影响社会稳定时，社会风险强度和范围较大；当项目建设与当地社会的发展相互协调和促进，大多数利益相关者因项目建设而受益时，项目面临的社会风险强度和范围较小。

7.6 大型公共建筑项目的征地拆迁及移民安置分析，应从土地所有权和使用权及附属建筑物的所有权、征地拆迁和移民安置计划及其实施方案、移民后期扶持计划及实施方案三个方面进行论证。

7.6.1 土地所有权和使用权及附属建筑物的所有权，应从以下方面进行分析：

1. 项目建设所占用土地的所有权和使用权、土地使用权人的基本状况、项目用地是否按照土地利用总体规划确定的用途使用土地。

2. 土地补偿费用的支付方式和途径，土地补偿依据的合规性和合法性。

3. 项目建设用地上的附属建筑物的类型及所有权分布和构成，房屋征收和补偿依据的合规性和合法性。

7.6.2 征地拆迁和移民安置计划及其实施方案，应从以下方面进行分析：

1. 征地拆迁和移民安置目标群体的基本特征，如人口数量、职业构成、年龄构成、收入水平、受教育程度和现有财产、资产、生产性和经营性收益情况等。

2. 项目单位与目标群体之间矛盾和纠纷的对话沟通、协商解决机制；依据现行法规和政策确定的征地拆迁补偿和移民安置补助标准被目标群体接受的程度，如果目标群体对相关补偿标准不接受或不满意，提出解决问题的方案。

3. 征地拆迁和移民安置计划的实施主体的合法地位和相应授权；项目单位编制的征地拆迁和移民安置计划与国家相关规定、规范和要求的一致性，计划编制过程中对受影响群体意见的征求和采纳情况；征地拆迁和移民安置计划实施过程中，法律、制度、政策对目标群体的合理、合法要求的保护情况以及相关保护措施的落实情况。

4. 征地拆迁和移民安置计划实施的公平、公正和合法性，征地拆迁和移民安置实施过程中的外部监督机构及其作用。

7.6.3 移民后期扶持计划及实施方案，应从以下方面进行分析：

1. 项目单位制定的移民后期扶持计划及实施方案的合规性、合法性。

2. 移民后期扶持的主要方式，所需资金和其他投入的落实情况，相关责任主体及其作用。

3. 移民后期扶持计划对全部移民人口的覆盖率，针对不同类别移民群体采取的专项扶持措施。

4. 在移民后期扶持计划中移民对项目收益的分享情况，项目收益共享机制的建立和作用。

5. 项目收益共享机制中移民分享的比例及持续时间。

7.7 大型公共建筑项目具备的持续发展能力分析，应在社会影响分析、利益相关者分析、项目与当地社会的相互适应性分析、社会风险分析、征地拆迁及移民安置分析的基础上进行，判断项目具备持续发展能力的基本原则是：

1. 项目产生的负面影响得到控制，正面影响持续发挥。

2. 受项目影响的利益相关者的利益得到保护。

3. 大多数利益相关者支持项目的建设和发展。

4. 项目与当地社会的发展相互适应。

5. 项目面临的社会风险较小且可控。

6. 征地拆迁和移民安置方案和实施计划、移民后期扶持计划得到顺利实施。

7.8 根据上述分析，提出大型公共建筑项目建设过程中化解、减缓社会风险及增强项目持续发展能力的对策和措施。对策措施应符合国家相关法律法规、政策制度的要求，适应大多数利益相关者的要求，并具有可操作性和可行性。

大型公共建筑项目评价导则

条文说明

1 总　则

1.1 编制目的。为贯彻《国务院关于投资体制改革的决定》精神，以科学发展观为指导，根据《关于加强大型公共建筑工程建设管理的若干意见》（建质〔2007〕1号）的要求，特制定本导则，规范大型公共建筑项目评价工作，为投资决策服务。

1.2 适用范围。大型公共建筑项目前期研究工作是指项目建议书、可行性研究、初步设计工作。

项目建议书对项目建设的必要性、总体目标、建设规模、拟建地点、投资估算、资金筹措以及经济效益和社会效益进行初步分析，并附相关文件资料。

可行性研究报告对项目在技术和经济上是否必要、合理、可行以及社会效益、节能和资源综合利用、生态环境影响等进行全面分析论证，落实各项建设和运行保障条件，按有关规定取得相关单位的许可、承诺、证明或者评估意见。

初步设计需明确各单项工程或者单位工程的建设内容、建设规模、建设标准、设计概算、用地规模、主要材料、设备规格和技术参数等，并达到国家规定的深度。

政府投资是指在中华人民共和国境内使用政府性资金进行的固定资产投资活动。使用政府性资金建设的项目称为政府投资项目。政府性资金包括财政预算内投资资金、各类专项建设资（基）金、国家主权外债资金、土地出让金、各类行政性收费、政府举借债务筹措的资金等其他政府性资金，政府投资方式包括直接投资、资本金注入、投资补助、贴息、转贷等。

企业投资项目是指不使用政府投资建设的项目。企业投资项目根据不同情况实行核准制和备案制。其中，政府依据《政府核准的投资项目目录》仅对重大项目和限制类项目从维护社会公共利益的角度进行核准管理，目录之外的项目均实行备案管理。

1.3 大型公共建筑含义。本导则所述的大型公共建筑，包括单体建筑和达到相应规模的建筑群。

根据《关于加强大型公共建筑工程建设管理的若干意见》（建质〔2007〕1号），大型公共建筑一般指建筑面积20000m^2以上的办公建筑、商业建筑、旅游建筑、科教文卫建筑、通信建筑以及交通运输建筑。其中，办公建筑是指供机关、团体和企事业单位办理行政事务和从事业务活动的建筑物；商业建筑包括各种商场市场建筑、商业写字楼建筑、餐饮建筑、影剧院建筑等；旅游建筑指各种旅游宾馆、旅馆、度假村及具有旅游功能的其他建筑；科教文卫建筑包括科教建筑、文化建筑、医疗卫生建筑和体育建筑，科教建筑包括教学建筑、科研建筑及科教综合建筑，文化建筑包括文化馆、图书馆、博物馆、科技馆、展览馆等建筑，医疗卫生建筑包括医院、疗养院建筑等，体育建筑指供比赛和训练用的体育场、体育馆、游泳馆建筑等；通信建筑包括电信和邮政建筑；交通运输建筑包括城市公共汽车、轨道交通的综合枢纽，港口客运站，铁路车站及枢纽，机场航站楼建筑等。

由于大型公共建筑分属不同行业，各类规模差别较大，因此一般可根据各类公共建筑相关的建筑设计规范和建设标准确定大型公共建筑的定义和范围，举例如下：

1. 音乐厅建筑座位数量在1200座以上的为大型音乐厅，座位数量在1600座以上的为特大型音乐厅。

2. 医疗建筑中，综合医院的建设规模，病床数量在800床以上的为大型综合医院，病床数量在1000床以上的为特大型综合医院。

3. 体育建筑中，体育场规模按观众席容量（座）划分，其中观众席容量在40000座以上的为大型体育场，观众席容量在60000座以上的为特大型体育场。体育馆规模按观众席容量（座）划分，其中观众席容量在6000座以上的为大型体育馆，观众席容量在10000座以上的为特大型体育馆。游泳设施规模按观众席容量（座）划分，其中观众席容量在3000座以上的为大型游泳设施，观众席容量在6000座以上的为特大型游泳设施。

4. 交通运输建筑中，旅客航站楼宜按旅客年吞吐量划分，其中旅客年吞吐量规模在500万人次以上的航站楼为大型航站楼，年吞吐量规模在1000万人次以上的航站楼为特大型航站楼。铁路客运站按旅客吞吐量划分，其中旅客年吞吐量规模在2000万人次以上的客运站为大型客运站，年吞吐量规模在10000万人次以上的客运站为特大型客运站。港口客运站的规模根据设计旅客聚集量划分，其中旅客聚集量在2500人以上的港口客运站为大型港口客运站。

5. 礼堂、会议中心建筑中，礼堂、会议中心建筑座位数量在800座以上的为大型礼堂，座位数量在1200座以上的为特大型礼堂。

1.4 大型公共建筑项目分类。经营性项目是指以营利为目的，通过投资以实现所有者权益的市场价值最大化为目标，以投资牟利为行为趋向。

非经营性项目是指不以营利为目的，而是为社会公众提供服务或产品的投资项目，包括公益事业项目、行政事业项目和某些基础设施项目。非经营性项目经济上的显著特点是不收费或收取少量费用。

有运营收入和无运营收入项目都是经营性项目。有运营收入项目包括两类：第一类指市场化程度比较高，自负盈亏的营利项目；第二类是指收费难以补偿项目运营成本、回收投资，需要政府在一定时期给予补贴的项目。无运营收入项目是指不实行收费，全部由政府投资建设，并给予长期运营补贴的项目。

1.5 项目特点。大型公共建筑项目主要是为了满足社会物质文化生活需要和提高人民的素质和生活质量，增进民众福利，发展民生及为社会发展起引导和促进作用。它所创造的社会效果比经济效益更为显著。

1.7 原则与要求。

1. 大型公共建筑评价强调“以人为本”，从以人为本的思想出发，必然要求在评价中将人的因素放在中心位置予以考虑，从项目发展促进社会发展的角度出发展开评价。项目的顺利实施，需要得到公众的理解和支持，坚持公众参与的原则，有利于满足公众需求，协调利益相关者之间的矛盾和利益关系，规避或减缓由项目引发的社会风险，有利于项目科学决策，对项目的成功和效果的持续发挥具有重要意义。

2. 评价人员要以客观、公正、实事求是的态度从事评价工作，力求使评价工作能符合客观实际，不受来自任何方面的人为干扰。

3. 大型公共建筑项目评价应以国家和地方相关法律、法规、政策为依据，采用科学合理的评价方法和循序渐进的工作程序进行。

4. 大型公共建筑项目评价需要在选址、规模、建筑方案、建筑风格等方面进行多方案比较，定性分析和定量分析相结合。

2 项目建设的必要性分析

2.2 项目建设理由一般应从项目本身和宏观两个层次进行分析。

1. 项目层次分析，从项目服务产品或投资效益角度论证建设理由是否充分合理。

2. 宏观层次分析，论证拟建项目是否促进国家、地区经济和社会发展，是否符合国家技术政策和产业政策的要求，是否符合保护环境、可持续发展的要求等。

2.3 项目合规性分析。合规性分析的主要目的，是从发展规划、产业政策及行业准入的角度，论证项目建设的目标及功能定位是否合理，是否符合与项目相关的各类规划要求，是否符合相关法律法规、宏观调控政策、产业政策等规定，是否满足行业准入标准、优化重大布局等要求。

1. 发展规划分析。公共建筑项目可行性研究所进行的规划分析，主要目的是论证拟建项目与各级各类规划方针原则的一致性，保持政策的有效性和连续性。政府投资的公共建筑项目以追求公共利益最大化为其价值取向，项目目标设定必须与各类规划目标保持一致，并能通过项目的实施对相关规划目标的实现作出贡献。

与总体规划、区域规划、专项规划的衔接：总体规划在战略方向上为地方规划提供引导。省级规划既要与国家规划在基本方向上保持一致，又要体现相应的区域特色。市县级规划更多的是根据当地的实际情况，强调规划的可实施性和可操作性。政府投资项目可行性研究报告的规划背景分析，不仅要分析拟建项目与国家和省级规划的衔接，更要充分考虑项目所在的市县地域特点，因地制宜，充分发挥当地比较优势，做好项目建设与当地经济发展规划的协调工作。

要重视与各类专项规划衔接的分析，确保项目方案与相关专项规划协调一致。

2. 产业政策和技术政策分析。大型公共建筑项目可行性研究工作，应结合项目具体情况，阐述与拟建项目相关的各类产业政策内容。

（1）产业政策内容：

① 产业结构政策。是政府根据产业结构变动规律的客观要求，通过确定产业的构成比例、相互关系和产业发展序列，为实现产业结构合理化而采取的各类政策。产业结构政策通过确定经济发展某一阶段的产业发展目标，选择主导产业，并在投资、信贷、税收，以及经济立法等方面采取扶植措施，帮助实现社会资源向优先发展的产业流动。

② 产业组织政策。是实现产业内部资源优化配置而制定的相关政策。产业组织政策通过协调自由竞争和规模经济之间的关系，引导构建良性市场秩序，保证资源有效配置和社会福利的最大化。产业组织政策包括反垄断、促进竞争的政策，推动产业整合的政策，促进中小企业发展的政策等。

③ 产业布局政策。是政府根据国民经济和区域经济发展的要求，制定和实施相关空间分布的各项政策。主要内容包括制定区域发展规划、向重点地区倾斜、寻求产业集聚效应、提供财政援助优惠等，发展基础设施，改善地区的经济发展条件，促进落后地区的发展。

（2）技术政策内容：国家已发布的建设标准、市政工程投资估算指标、建设项目经济评价方法与参数，是编制大型公共建筑项目建议书和可行性研究报告的重要依据，建设单位要严格执行。

2.4 公共需求分析是从大型公共建筑提供服务的供给能力和需求是否平衡的角度来分析项目建设的必要性。

2.4.1 现状调查主要调查项目在近期及运营时段的供需总量及地区分布情况，调查内容如下：① 公共服务供应现状，该种类型大型公共建筑的总供应能力以及在各地区的分布情况，提供服务的性能、服务对象和覆盖人群等。② 公共服务需求现状，即该地区当前城市社会经济发展对本系统公共建筑设施需求情况。该系统公共服务的消费总量以及地区分布，不同消费群体对服务品种和品质的要求，消费结构状况，近期服务需求的满足程度等。③ 价格现状调查，调查公共服务的国内市场价格，价格变化过程及变化规律等，调查价格形成机制。

社会需求现状调查的方法可采用访问调查法、通讯调查法、会议调查法、观察法、实验法和二手资料法，具体方法选择应根据具体情况灵活运用。

2.4.2 供需预测是在现状调查的基础上利用调查所获取的信息资料，对公共服务未来市场供应和公共需求的数量、品种、质量进行定性与定量分析。供需预测需考虑的因素：① 国民经济与社会发展对该系统公共服务供需的影响。② 相关产业产品和服务、上下游产品和服务的情况及变化，对公共服务产品供需的影响。③ 公共服务结构变化，服务升级情况，替代服务的出现，对公共服务供需的影响。④ 公共建筑建成后的利用率。⑤ 不同地区和不同消费群体的收入水平、消费水平、消费习惯、消费方式及其变化，对公共服务产品供需的影响。

2.4.3 供需平衡分析需结合项目具体情况以及经济、社会影响等内容，对项目建设的社会需求进行分析，研究社会各界对项目建设规模、建设方案及功能定位的期望和要求，对项目如何有效满足社会需求提出评价结论和建议。

供需平衡分析要对拟建项目的需求情况作出总体的预测和定性的评价，进而科学地估计项目的影响，以确定拟建项目能否在适当的时间、以适当的效果满足当地的社会需求。另外，供需平衡分析还要对未来发展态势、不同社会需求的渗透方式等方面作出尽可能全面的分析与预测，汇总出供求平衡分析结论。

2.4.4 价格预测。对收费的公共建筑项目服务价格的预测是计算项目运营后的收入、成本的基础。预测价格时，应对影响价格形成与导致价格变化的各种因素进行分析，设定服务产品的收费标准。

价格预测需要考虑的因素：① 服务收费标准和运营成本的价格水平和变化趋势。② 新技术、替代服务产品对收费标准的影响。③ 服务产品的运营成本对收费标准的影响。④ 产业政策变化对服务产品收费标准的影响等。

3 建设方案评价

3.1 建设方案是为实现项目建设总体目标必须具有的满足项目功能定位和服务使用要求，并充分发挥投资效益的项目总体建设方案。方案评价是贯彻国家相关方针政策，评价建筑能否满足功能使用要求、构建绿色建筑、保护生态环境、确保安全可靠、节约建设投资和运行维护费用等。

3.2 项目总体目标。大型公共建筑建设的预期目标要明确项目的服务性质、服务对象、服务内容、服务容量、服务能力、服务质量和水平及其具备的环境基础条件等。总体目标的确定要远近结合，前瞻性与现实性相结合，并可采取总体规划、分步实施的做法实现。

3.3 项目功能包括基本功能和特殊功能。

项目基本功能是为实现项目总体目标、达到相应的服务能力所必须具备的基本业务功能。基本功能用房配置应执行政府有关主管部门发布的工程项目建设标准规定，或参考相应的建筑设计规范，依据项目实际业务需求，并调查已建成的同类项目，经论证确定。

项目特殊功能是指除基本功能以外，为实现项目总体目标、达到相应的特殊服务能力所具备的业务功能。特殊业务用房配置可根据项目特殊业务需求，经论证确定。

项目的基本功能是该类型公共建筑达到其基本服务能力不可或缺的功能，亦是同类型项目共同具有的功能。对此，专业性建设标准一般均有规定。专业性建设标准是由住房和城乡建设部、国家发展和改革委及该行业国家主管部门共同制定批准的有关项目建设标准规定。一般包括该行业建设项目的基本功能组成、各基本功能之间建筑面积的合理比例、建筑面积指标以及用地指标等。

目前，已发布的建设标准有：

办公类：《党政机关办公用房建设标准》（计投资〔1999〕2250 号）

教育类：《普通高等学校建筑规划面积指标》（建标〔1992〕245 号）

《城市普通中小学校校舍建设标准》（建标〔2002〕102 号）

《农村普通中小学建设标准》（建标 109—2008）

科研类：《科研建筑工程规划面积指标》（建标〔1991〕708 号）

《科学技术馆建设标准》（建标 101—2007）

文化类：《档案馆建设标准》（建标 103—2008）

《公共图书馆建设标准》（建标 108—2008）

《公共图书馆建设用地指标》（建标〔2008〕74 号）

《文化馆建设用地指标》（建标〔2008〕128 号）

医疗类：《综合医院建设标准》（建标 110—2008）

《乡镇卫生院建设标准》（建标 107—2008）

《中医医院建设标准》（建标〔2008〕97 号）

体育类：《城市社区体育设施建设用地指标》（建标〔2005〕156 号）

公检法司类：《人民检察院办案用房和专业技术用房建设标准》（建标〔2002〕109 号）

《人民法院法庭建设标准》（建标〔2002〕259 号）

《监狱建设标准》2002 年

《看守所建设标准》2002 年，内部发行

《武警内卫执勤部队营房建筑面积标准（试行）》（〔2003〕武后字第 39 号）

智能化：《智能建筑设计标准》（GB/T 50314—2006）

其他：《流浪未成年人救助保护中心建设标准》（建标 111—2008）

建设标准对项目基本功能组成有明确规定，举例如下：

办公类项目：《党政机关办公用房建设标准》规定了四项基本功能：办公室，服务用房，设备用房，附属用房等。

教育类项目：《普通高等学校建筑规划面积指标》规定了十一项基本功能：教室，图书馆，实验室，风雨操场，会堂，学生宿舍，学生食堂，生活福利及辅助用房，校行政用房，系行政用房，教工食堂等。

医疗类项目：《综合医院建设标准》规定了七项基本功能：急诊部，门诊部，住院部，医技部，保障系统，行政管理，院内生活等。

尚未颁布建设标准的公共建筑类型，建议参照相应的建筑设计规范。例如，《博物馆建筑设计规范》（JGJ 66—91）、《剧场建筑设计规范》（JGJ 57—2000）、《电影院建筑设计规范》（JGJ 58—2008）、《体育建筑设计规范》（JGJ 31—2003）、《铁路旅客车站建筑设计规范》（GB 50226—2007）、《汽车客运站建筑设计规范》（JGJ 60—99）等，或参照类同项目的功能定位，根据项目实际需求经论证确定。

项目的特殊功能是为实现项目建设总体目标范围内特殊业务必须设置的功能。例如，办公类项目中，根据有的部委办公业务特点，需设置新闻发布厅、展厅、特殊档案库、编辑出版系统、机要印刷、视频会议室等。又如，医疗类项目中，有的综合医院需设置预防保健、医学教育、医学科研等特殊业务功能，以及增添除基本医技设备范围以外的重大高端医技装备等。

特殊功能用房的组成无规定可循，亦需根据项目实际情况参照同类项目研究确定。

各功能用房的组成，根据项目建设总体目标和工艺方案确定。在专业性建设标准和建筑设计规范中都可能涉及。

项目建设前期工作各个阶段，评价项目功能定位的深度不同。项目建议书阶段，可仅对功能用房的构成作出评价；可行性研究阶段，应评价在功能用房构成基础上列出的功能用房组成及其容量。

1. 项目总体目标。是指项目建设投资决策预定的，在正常运营期能达到的服务能力和效益。就公共建筑而言，是指该类型项目在服务性质、服务对象、服务内容、服务容量、服务质量和水平等方面的整体服务能力及其体现的效益。服务能力通过项目功能定位实现。例如，办公用房类项目，在确定其建设总体目标，即项目单位任务职责、机构设置和办公人员编制之后，掌握适度标准，构建合适条件的办公空间，使服务能力到位。为实现该服务能力，需设置一定数量各类办公和辅助办公用房、信息化管理和公用设施配置及其用房、生活辅助用房等基本业务功能和特殊业务功能用房。综合医院类项目，在确定医院的医疗性质和任务、床位数和日门、急诊量等建设总体目标后，需设置相应规模的门诊部、急诊部、住院部、医技部、保障部、行政管理、生活辅助等项服务功能，有的需配置科研和教学设施。综合性博物馆类项目，在确定文物保藏量、展陈量、日或年均观众流量

和高峰日观众流量等建设总体目标后，需设置相应规模和技术条件的文物库房、展陈厅和展陈模式、文物处理和科研、宣教和观众服务、行政管理、公用设备设施等项服务功能。体育比赛场馆类项目，在确定场馆等级、比赛项目、各类观众席位数等建设总体目标后，需设置相应的竞赛场地、赛事运营、看台等项服务功能。普通高等院校类项目，在确定学科设置、全日制在校生类别和数量、教职员工编制等建设总体目标后，需设置相应学科的教学楼、实验室、图书馆、风雨操场，全日制在校生的宿舍、食堂，相应编制教职员工的教学行政、办公用房，以及福利用房等项服务功能设施。

5. 各基本功能用房建筑面积之间协调合理的相对比例关系，是满足功能使用要求、充分发挥项目整体功能、有效控制建筑规模、提高投资效益的保证，是评价项目建设方案合理性的重要方面。有的建设标准对此作了明确规定。例如普通高等院校，当全日制在校生为5000名时，教室、图书馆、实验室等功能用房建筑面积约占总建筑面积的45%，学生宿舍和食堂约占34%，行政管理、福利用房约占21%。又如综合医院，建设规模为800床时，住院部的建筑面积约占总建筑面积的36%，门、急诊部约占17%，医技部约占25%，保障系统约占9%，行政后勤约占13%。

3.4 建设规模。大型公共建筑项目的建设规模一般以建筑面积、服务能力来表现。是在市场预测的基础上，论证比选拟建项目的建设规模，作为确定项目技术方案、设备方案、工程方案、原材料燃料供应方案及投资估算的依据，亦是项目投入使用后运营成本费用控制的决定性因素。建设规模与项目建设总体目标、功能定位的最佳组合以及各功能用房建筑面积之间的整体协调，是充分发挥投资效益的基本点。整体协调是指所设定各功能用房的建筑面积，都能统一到最佳服务于总体目标和功能定位，满足其客观需求，避免出现此高彼低、互不协调现象，给实际使用带来弊端。

确定建设规模的依据主要包括：政府主管部门的批件或企业投资决策的文件；当地政府相关主管部门批件，或有关协议书、意向书；相关现实状况和存在问题；国家发布的相关规范、规定、标准、定额等。对有些标准、定额，若因编制年代较久，与客观实际有明显出入的，宜结合实际情况作适度调整，调整幅度应经充分论证。确定建设规模应实事求是，有科学依据，并作多方案比较。对尚未发布规范、标准的，有条件的应实地调查其功能使用要求，总结实践经验，或借鉴类同建设项目的实践经验，科学论证。

核实和严格控制建筑面积是项目建设方案评价的重点。不得突破每个阶段审批所定建筑面积外，在技术层面上有三项控制指标：即综合建筑面积指标、各类建筑面积的相对比值、使用面积系数。各类用房建筑面积的相对比值需根据不同类型公共建筑基本功能及其使用要求而定。不同类型公共建筑的使用面积系数是不同的。使用面积系数的含义为：建筑物中使用面积与建筑面积之比，即使用面积/建筑面积。上述三项指标在已发布专业性建设标准中，有的都作了规定，有的只规定了其中一项或两项，对第三项使用面积系数作规定的较少。尚有不少类型公共建筑的建设标准有待补充和完善。

3.5 场址选择。节约集约用地的本质含义就是对土地利用时间、空间、布局及结构的合理调整，实现土地有效、高效利用。尽量减少用地面积，利用非耕地。改扩建项目能利用存量的就不征或少征新扩用地。

1. 场址初选。场址应具备的基本条件对场址初选的取舍起着决定性作用。建设条件有两方面内容：其一是生态自然条件，关键是地质条件、地震烈度和地上地下物现状等。

地质条件若为软土、地震液化土、湿陷性黄土、膨胀土等不良土壤，必须进行特殊地基处理；若场址所在地为地震区，必须按规范采用抗震结构方案。特殊地基处理和抗震结构（尤其是高烈度抗震结构）都需增加大量投资，并延长建设周期。因此，选址要尽量避开。若有地下文物或矿藏等情况，更应慎重考虑。其二是市政基础设施条件，关键是供水水源和水质，排水和排污出路，供电电源，通信、交通等项目建设必要资源的落实，若缺乏这些条件，或供应距离远，也需增加大量投资。另外还需具备拆迁条件，拆迁的工程量、难度，也直接影响到工程投资和建设周期。

上述基本条件对场址选择的决策具有举足轻重的作用，必须在项目立项前场址初选阶段调查核实。

2. 可行性研究阶段应在场址初选的基础上，进一步确定场址。场址选择应满足以下主要条件：

（1）符合节约集约用地的原则。① 应贯彻执行 2008 年 1 月 3 日国务院《关于促进节约集约用地的通知》的规定；② 项目用地标准和总量控制应符合相关建设标准规定；③ 具有国家或当地政府国土资源部门对场址用地的正式批准文件；④ 近期用地应相对集中，发展用地应根据“总体规划，分步实施，滚动发展”原则，分期征地，严禁多占地，早占地，占而不用，造成资源浪费。

（2）满足项目功能使用要求。① 核实最小场址用地面积和用地指标；② 核实场址地理位置、人文环境、地形地貌、用地平面尺寸等，检验对项目的适宜性和合理性；③ 核实场址周围的交通、路况等，尤其对大型体育场馆、剧场等人流、车流密集且集中疏散的项目宜作交通流量和流线专题分析评价。

（3）具备项目建设条件。① 地质条件，应有地质初探报告，重点摸清场址是否存在滑坡、塌陷、侵蚀等水文地质隐患以及地下藏物等；② 市政公用基础设施条件，含市政公用基础设施的供给保障量、质量、供给距离，相关基础设施建设的承建量和集资量等。主要包括给水水源、排水出路、消防设施、城市热网、燃气、供电电源、通信、道路、绿化等。

（4）征地拆迁条件合理可行。

（5）改扩建项目应综合分析原址改扩建的合理性和可行性。① 原址或扩征土地后应满足项目改扩建总体目标的要求；② 总体规划方案分步实施的可操作性，项目建设实施阶段对原本运营的影响程度；③ 当原址位于城市重要区位时，应考虑施工带来问题的严重程度，城市和居民的承受力，以及解决办法的可行性。

在综合分析基础上，对项目在原址改扩建或选址新建做多方案社会经济技术论证，科学决策。

3.6 项目总体规划方案。

1. 项目建议书阶段的总体规划方案。项目建议书阶段，项目总体规划方案主要完成总平面规划图及其文字说明，大型公共建筑项目一般还有鸟瞰图。所表达的仅是总体规划方案的一个基本框架，但各专业对项目已作全局性、整体性初步考虑。例如，建筑专业已匡算各功能模块建筑面积，已初步确定建筑物幢数或综合为一幢，并按工艺流程要求确定其总平面位置，达到合理功能分区；对规划图中仅为外框的建筑物的层数、高度、体型体量等已有一个初步方案。结构专业根据建筑方案，考虑当地地质、地震等自然条件，已初步考虑了该建筑合适的地基处理、基础和上部主体结构方案。公用专业根据建筑方案、总平面布局、市政基础设施条件，已估算公用设施需用量，初步考虑了给水水源、排水出路方案，供热、供气方案，供电方案和智能化系统配置等，并布置了公用主干管线出入口位置，场址内管线的大体走向。

上述项目总体规划方案图在技术上是有依据的，并能有效进入可行性研究阶段进一步深入的工作。

2. 可行性研究阶段的总体规划方案。可行性研究阶段，各专业工作应进一步细化，并整合各有关方面规范、规定要求。

对于满足功能使用要求方面，应按整体工艺流程要求合理规划功能分区、组织交通流线。例如，医院项目要求医患、人车、洁污等流线不交叉，专设尸体和废、污物出入口；博物馆项目要求文物藏品和观众流线不交叉，道路系统布置便于藏品运送和观众疏散，设置一定量机动车、自行车停车场；大型体育比赛场馆项目要满足普通观众、贵宾、媒体工作人员、运动员和教练员、警务人员等分流出入，应有顺畅便捷的道路系统和较大容量疏散广场等。

建筑设计方面，要根据消防、卫生、节能等规范规定，以及不同类型公共建筑的某些特殊要求，确定单体建筑的位置、间距、朝向；达到规定的建筑覆盖率、容积率等指标。对改扩建项目应评价可利用建筑与新建建筑的协调和有效整合。

当前，尤为重要的是项目总体规划必须做到节约集约用地。例如，单体建筑尽量沿红线布置；避免不规则建筑外形；在满足消防、卫生、管线布置等前提下，尽量缩减建筑物间距；同类工艺或工艺流程有密切联系的单体建筑尽量合建；适宜于向空间发展的公共建筑，尽量建多层或高层建筑；合理提高建筑覆盖率等。合理安排发展用地位置，例如，单体建筑有发展可能时，扩建用地宜布置在建筑的一端；相邻两建筑均有发展可能时，其扩建用地方向宜一致；当项目需预留总体发展用地时，宜考虑近期、远期发展可能，在场址邻近预留，以便分期扩征。

3. 改扩建项目总体规划的特殊要求。在公共建筑项目中不乏改扩建工程，例如一些建院较早、久负盛名的医院。一方面，医学科学的迅速发展，医疗技术日新月异，医技设备高科技化；以人为本，以病人为中心，要求诊室、病房布局人性化；同时，医疗覆盖率和人民生活水平的提高，大大增加了医院服务量。医院原有建筑规模、医疗建筑的档次、医疗设备设施已难以维持，极需改扩建。另一方面，这些历史悠久、具有深厚医学科学根基的著名医院，迁址新建确有诸多不便因素。因此，如北京协和医院、北京医院等，原址占地虽都较少，但目前都已采取措施选用了原址改扩建方案。

医院改扩建的特殊点是必须保证照常开诊，根据不同情况，可有以下几种选择：① 原址总建筑面积尚能满足改扩建要求，其周围已无扩展余地，可采用拆除一部分、新建一部分、搬迁一部分的分期分步实施方案；② 原址总建筑面积与改扩建要求相差较多，周围场地有扩展可能，可扩征部分土地，分期或一次实施；③ 原址总建筑面积与改扩建要求相差很多，周围场地无扩展可能，或有扩展可能但仍达不到要求，则可部分迁建，设立分院。另选新址整体迁建的方案宜慎定。

3.7 工艺方案。鉴于过去没有明确提出在公共建筑项目设计中应包括工艺方案设计，故条文强调了工艺方案设计的必要性和设计依据。其实，工艺方案设计不只是工业项目建设所必需，各类型公共建筑都有其特定的服务使用功能流程和必备的科技条件要求，也必须做好工艺设计。随着高科技的发展、渗透和应用，各项工作都是在科技引领下进行的。例如，博物馆的文物保藏，在文物入库前一般都要经过预处理、鉴定、登录、修复、摄录、输入计算机等工艺环节，再进入保藏库；标本入库前要经过预处理、鉴定、登录、录制、熏蒸消毒、标本制作等工艺操作程序。工艺方案对建筑、结构、公用专业分别提出各种技术条件要求，直接影响和制约了各专业的设计方案，是各专业方案设计的主要依据之一。因此，必须先有工艺方案，并以此为基础进行各专业设计。

宜做工艺方案评价的大型公共建筑包括：医院、博物馆、档案馆、图书馆、展览馆、体育场馆、科研建筑、航站楼、铁路枢纽和客运站、金融建筑、通信类建筑等。以上宜做工艺方案设计的公共建筑类型仅是一个建议，可能有疏漏，也可能有的项目工艺流程较简单，宜与建筑方案设计结合考虑，可根据项目实际情况商定。如医院的现代化洁净手术系统、大型高端医技装备技术条件、博物馆的文物保藏库房和多媒体展陈设施，以及现代化信息管理系统等。

各种类型公共建筑工艺方案应根据项目建设总体目标、服务需求、功能定位而定，其内容是不同的。

3.8 建筑方案

1. 主要评价依据。导则提出建筑方案的设计依据表明，建筑规模不应突破政府主管部门的审批范围；设计应符合有关政策、规范规定；建筑平面和空间布局应与项目功能定位、工艺方案吻合，没有工艺方案的，应与其功能使用要求吻合。

重大公共建筑项目往往通过招投标来获得优秀建筑方案。根据合理程序，项目招标工作一般宜在项目可行性研究报告审批后进行。由招标方编写的标书内容应与项目审批内容一致，与功能定位、工艺方案相吻合。当然，中标方案应能达到这些要求。如在评审时，评审专家对中标方案有异议或建议，也应实事求是提出并上报。在可行性研究或初步设计阶段，建筑方案经招投标的，应附招投标技术文件专册。

在这里，作为一种特殊情况应提出的是，个别特别重大公共建筑项目的建筑方案，因招投标中标方案可能会突破可行性研究阶段或初步设计阶段确定的建筑方案，而导致整体设计和总投资的重大调整。对这类项目，建议政府主管部门应对项目建筑方案招投标的启动安排，与项目可行性研究阶段或初步设计阶段工作做好合理衔接协调，并明确相应规定和要求。

3.9 结构及公用设施方案。应在工艺方案、建筑方案基础上设计结构方案：

对于结构类型、柱网尺寸、楼面活荷载等要素的选择，应符合功能使用要求，还应考虑场址的具体条件。

根据地质水文勘测报告，评价地基与基础处理方案的安全可靠性，尤其是对特殊地基的处理，并应作技术经济比较。根据项目类型特点、建筑规模、功能使用要求，评价上部主体结构方案，针对当地自然条件，是否具有相应的抗地震、抗飓风、抗雪暴能力。

因时制宜，因地制宜，采用新技术，优化结构方案。对于采用新结构应考虑必要的试验课题及其所需费用。

计算书应完整，结构方案与计算书应一致。

应由有执业资格单位编制的建筑结构安全性、耐久性和抗震性能鉴定报告，对改建项目结构的加固措施及其投资估算作出评价，并对项目在改造后的使用年限提出合理要求。

结构方案设计主要是保证结构安全可靠和满足功能使用要求两个方面。结构安全可靠的重要环节是地基处理、基础和上部主体结构方案。目前，一般公共建筑的主体结构较多采用钢筋混凝土框架结构、框架剪力墙结构，跨度较大、室内大空间的比赛场馆、展示场馆等也可采用空间结构，如网架、网壳和悬索结构等，应根据不同类型项目特点，结合各方面条件比选确定。

一般情况下，结构方案在项目建议书阶段不是决策的主要依据，可以是原则方案。若场址遇有复杂地基、高烈度地震等情况，结构专业应提出在该场址建设的利弊分析，必须采用的对策性结构方案及其对总投资和总建设周期的影响程度，以供决策考虑。若提出新型结构方案需做试验的，应估算试验所需费用及时间，以纳入总投资和总建设周期。可行性研究阶段，结构方案要作深入一步考虑，从结构设计总体概念上讲，结构的计算力学模型应清晰，传力路线应直接，能直达基础。结构选型应避免抗扭不规则、平面不规则和竖向不规则的结构方案。因此，结构方案与建筑方案应密切配合、协调，取得整体合理的方案。初步设计阶段，已具有详细的地质勘测报告，方案性问题在该阶段应基本得到解决，有条件进行评价。首先，对场址选择的合理性。其次，对地基处理方案、基础形式和相关施工方案的安全可靠性，例如，对不良地基、地下水位较高的地基、地下水对钢筋和混凝土有腐蚀作用时的地基处理方案；对独立基础、条形基础、筏板基础、梁筏板基础、箱形基础等基础典型截面形式的选择，设置独立基础单向或双向拉梁的选择；对土方开挖时护壁设计方案和降水方案的安全性、经济性以及对基础变形和基础的稳定性等。再次，对全部结构计算书的有效性和准确性；主体结构选型和选材、结构平面布置和剪力墙位置、结构构件尺寸等设计方案是否符合规范规定等。

1. 给水、排水、消防方案。根据项目用水性质、水量、水质要求，核查生活及消防用水总量及用热水需耗热量。选择合适水源，应首选市政给水管网供水，评价其供水量及供水可靠性：若必须采用地下水或地面水源，应进行水资源评价，研究其供水可行性、可靠性，并核查其物探资料，说明是否属于地下水超采区或地面沉降区。

核查污水、废水、雨水排量和污水性质，确定分流制或合流制排水体制，污、雨水排放出路和基本排水系统。排入市政污水管网时，应核实其接受能力、污水的排放标准；对必须排入其他天然水体的污水，应有当地政府主管部门的审批文件，核实排放标准并对污水处理方案作出评价。

设计给水系统，含冷水、热水、直饮水、中水等系统的供水方式。

根据建筑类别、建筑高度、建筑耐火等级、功能用房特殊要求，以及当地消防设施，确定消防方案；各消防供水系统及其供水方式；设置气体消防的部位及采用的灭火气体种类、系统方式等。根据现行规范，尤其是强制性规定，严格核查应设置消防设施的部位是否齐全，消防系统设计和控制方式的合理性、可靠性。

对一般生活污水和特殊污水处理，达到排放标准。

项目建议书阶段，给水排水专业评价主要是给水水源、排水出路和外部消防条件三方面。可行性研究报告阶段，应评价给水系统、排水系统方案和消防系统方案。初步设计阶段，进一步深化评价各系统方案，如给水系统的给水水源、用水量、用水标准，生活给水、生活热水、直饮水给水系统，再生水系统，循环水系统，消防用水系统等。

2. 采暖、通风、空调方案。

（1）根据现行国家标准《公共建筑节能设计标准》（GB 50189—2005）和专业性规范规定，核实采暖、空调室内空气设计参数和采暖、空调系统冷、热量。对采用参数是否符合规范，运算是否准确作出评价。

（2）应优先选用城市供热源。有蒸汽使用要求的，可采用燃气或燃煤蒸汽锅炉。空调冷源应根据建筑物性质、用量需求、负荷变化、运营费用等条件，经技术经济比较选定。

（3）根据不同使用功能要求划分空调系统，采用相应空调方案。有空气洁净度和恒温恒湿特殊空调要求的，应采用空气净化系统和恒温恒湿系统。建筑高度超过 10m、体积大于 10000m^3 的体育比赛馆应采用分层空调系统等。

（4）有自然排烟条件的，应采用自然排烟方案；不具备条件的，应设机械防排烟和机械防烟设施。

（5）根据建筑等级、使用功能和标准，配置相应的采暖、通风、空调自动监测、控制系统，设置消防控制室，确保运行节能和安全。

应关注按不同使用要求划分空调系统、不同类型公共建筑对空调的不同要求，核查消防防排烟系统方案；选用合适的供热、冷源方案；针对公共建筑空调量大、有的功能用房有有害气体和污物排放的特点，应核查节能和环保措施。

3. 供电方案。供电、照明专业在项目建议书阶段主要是评价供电电源，外供电源是否落实，电压等级是否合理，电容量能否满足，线路是否安全可靠。可行性研究报告阶段，应评价负荷计算、供电系统、节能措施系统方案。

4. 智能化方案。公共建筑智能化系统工程宜由智能化集成系统、信息设施系统、信息化应用系统、建筑设备管理系统、公共安全系统、机房工程和建筑环境等构成。

根据各类型公共建筑的不同功能定位，智能化系统除基本配置外，还有为满足特定业务需要的特殊配置。例如，综合医院项目应设置医用对讲系统、视频示教系统、电子叫号系统、IC 卡系统或远程医疗系统等医院专用系统；博物馆项目应设置入侵报警系统、大屏幕电子显示屏等；体育比赛场馆项目应设置场馆扩声系统、计时计分及成绩处理系统、售验票系统、电视转播系统、标准时针系统、升旗控制系统等体育场馆专用系统。评价应关注智能化系统的配置是否切合项目功能服务的实际需求，标准掌握是否符合规范规定，是否恰当。

4　资源利用、环境影响与节能分析

4.1　评价目的。大型公共建筑项目具有公用性、公益性、服务性、社会关注度高、配套设施条件要求高、安全性要求高等特点；同时，由于建筑规模较大，建筑能耗总量和单位消耗量大、对环境影响大。因此，大型公共建筑项目前期应对资源利用、环境影响和节能情况进行分析，达到有效利用资源、节约能源、保护环境的目的。

4.2　资源利用分析是对大型公共建筑项目需要的自然资源（主要包括土地资源、水资源、矿产资源）利用的合理性、高效性以及回收利用率等进行分析，注重环境与社会的可持续发展。

4.2.1　土地资源利用分析。

1. 城市建设必定要占用土地。城市用地应当尽量立足于建设区改造挖潜，这样既可以使旧城更新，又可以使城市增容扩能，还可以节约土地和保护耕地。大力推进节约集约用地，是严格保护资源与保障发展的最佳结合和最优选择，是实现经济社会可持续发展的大势所趋。

2. 有效使用土地是节地的有效措施之一。大型公共建筑在建筑布局及造型上往往要显示建筑的重要意义，但应以有效利用土地为原则，不能因为追求造型上的标新立异造成土地资源的浪费。

3. 开发利用地下空间是城市节约用地的主要措施，也是节地的倡导措施之一。但利用地下空间的同时应结合地质情况，处理好地下入口与地上的有机联系、通风及防渗透等问题，同时采用适当的手段实现节能。

4.2.2　水资源利用分析。中国是水资源紧缺国家，水资源污染、地下水超采和用水效率低下，进一步加剧了有限水资源的供需矛盾。《中华人民共和国水法》对开发、利用、节约、保护、管理水资源等进行了规定，大型公共建筑项目应严格执行，在设计之初就统筹考虑，选用合理的水资源利用方案，综合利用雨水、中水等各种水资源，节约用水、提高水资源利用效率，实现水资源循环利用。

对于地下水利用，《中华人民共和国水法》规定“在地下水超采地区，县级以上地方人民政府应当采取措施，严格控制开采地下水。在地下水严重超采地区，经省、自治区、直辖市人民政府批准，可以划定地下水禁止开采或者限制开采区。在沿海地区开采地下水，应当经过科学论证，并采取措施，防止地面沉降和海水入侵。”因此，当大型公共建筑项目必须采用地下水源时，应遵守当地政府关于地下水开采的规定，并按照《取水许可和水资源费征收管理条例》要求申请领取取水许可证，缴纳水资源费。

4.2.3　矿产资源利用分析。建筑材料生产需要利用大量的矿产资源，降低建筑材料用量，采用高性能、高强度建筑材料和可再利用建筑材料可以有效节约矿产资源。在建筑设计中应控制造型要素中没有功能作用的装饰构件的大量应用，包括：① 不具备遮阳、导光、导风、载物、辅助绿化等作用的飘板、格栅和构架等，且作为构成要素在建筑中大量使用。② 单纯为追求标志性效果在屋顶等处设立的大型塔、球、曲面等异形构件。③ 女儿墙高度超过规范要求 2 倍以上。

合理利用当地矿产资源，宜多选用当地生产的建筑材料是减少运输过程的资源、能源消耗，降低环境污染的重要手段之一。

4.3 环境影响分析。国家根据建设项目对环境的影响程度，对建设项目的环境影响评价实行分类管理。各类大型公共建筑项目可根据《建设项目环境影响评价分类管理名录》（环境保护部令第2号）要求编制相应的环境影响评价文件，环境影响评价文件包括环境影响报告书、环境影响报告表或者填报环境影响登记表。大型公共建筑环境影响主要分析大型公共建筑建成后可能带来的对周围环境的不利影响，如污染物排放影响、声光热环境影响等，并采取有效措施将这种不利影响降到最低。

4.3.1 污染物排放影响分析。大型公共建筑项目污染物排放包括气体污染物、液体污染物和固体污染物等。气体污染物主要是煤炭、燃油等的不完全燃烧带来的硫化物等排入空气，造成大气污染；液体污染物排放主要是指有毒液体物质，这些废弃的液体排入生活排水系统可能带来的液体污染；固体污染排放主要是有毒固体物质，这些废弃固体应与普通生活垃圾分开，并单独进行处理。

4.3.2 声、光、热环境影响分析。大型公共建筑项目由于采用玻璃幕墙、空调系统对城市光环境、热环境带来了很大影响，城市光污染、热岛现象已引起了社会的广泛关注。大型公共建筑项目玻璃幕墙使用应符合标准要求，并尽量减少使用。

4.4 节能分析。大型公共建筑项目节能要从降低能源使用量、提高能源利用效率着手，采取技术上可行、经济上合理以及环境和社会可以承受的措施，从各个环节，降低消耗、减少损失和污染物排放、制止浪费，有效、合理地利用能源。

4.4.1 能源供应和使用方式。大型公共建筑项目节能首先应从能源结构选择上把好关，除常规能源外，在环境允许和技术可行的条件下，应多采用新能源和可再生能源。在能源使用上，大型公共建筑项目应设计合理的用能结构，如采取能量梯级利用方式，提高能源的综合利用率。

4.4.2 节能措施。据有关统计显示，大型公共建筑项目能耗重点为空调系统能耗及照明电耗，而围护结构的好坏直接影响空调系统能耗。因此，大型公共建筑项目节能必须严格控制好围护结构、空调系统和照明系统的节能设计，采取节能技术措施提高建筑围护结构保温隔热性能，提高空调系统运行效率，降低损耗，设置合理的照明分区，控制照明功率密度值在合理范围等。同时，为检验各用能系统能源利用效率，应安装计量有效的分项计量装置。

5 项目安全性评价

5.1 安全性评价概述。大型公共建筑体量大、受众广、具有典型的公共性和公益性，是供人们进行社会活动的大型非生产性建筑。满足公众的社会生活需求，提供便民、利民服务场所，是它们最重要的建设目标。要保证建设目标的顺利实现，首先要保证公共建筑项目的安全性，即它能为公众提供质量过硬、布局合理、使用方便的公共场所，并保证公众在使用过程中生命权及其他权利不受损害。

安全评价先对公共建筑物本身进行安全分析和评价，再逐步把其他相关因素，包括建筑对周边环境影响、安全管理和保卫等内容联系起来进行分析和评价。从点到面，分析和评价应科学有序，力求全面合理。

5.2 建筑物安全性评价。大型公共建筑运营期间对公众的影响重大，因此其功能定位中要考虑建筑的社会影响因素，其中最重要的就是要保证使用者的人身安全和财产安全。评价建筑物的安全性就是对建筑自身原因带来的安全隐患进行分析，针对各种安全隐患分析建筑物的结构、布置、防火、技术、材料、设备等是否符合法律法规和行业规范，设计是否考虑到了使用者的安全需求。

5.2.1 建筑结构安全评价。建筑结构的安全是公共建筑物最重要的质量要求。评价应以相关结构设计规范为基础，对建筑方案中与安全相关的部分应重点考虑。

1. 建筑结构的整体性和鲁棒性优良，在飓风、暴雪、地震等灾害下发生破坏时，做到小灾不坏，中灾可修，大灾不倒。

2. 建筑结构设计不低于现行技术标准规范，对非标准结构需谨慎处理，应组织相关专家针对非标准结构、特殊结构进行单独的设计审查、严格核算，加大结构冗余度。

5.2.2 场地安全性评价。

1. 大型公共建筑应远离地质水文条件较差的地方，远离地震断裂带、泥石流破坏区、洪水多发区等。如选址在地质水文条件较差的地区，地基与基础处理方案要安全可靠。

2. 道路指引标志应覆盖出入口和人员、车辆正常出入建筑必经道路，做到准确、清晰、简洁、明了。

3. 部分类型建筑物主要包括观演建筑和交通建筑，如音乐厅、港口客运站、铁路枢纽、机场航站楼、电影院、体育馆等。

4. 建筑配套设施，如机动车停车场、自行车停车场等的位置和规模应与建筑方案、建筑目的匹配，考虑建筑使用者的出行方式和数量，考虑停车的便捷性，符合建筑场地内的交通组织计划。

5. 工程管线的地下敷设有利于环境的美观和空间的合理利用，并使地面上车辆、行人的活动及工程管线自身得以安全保证。有些地区由于地质条件差等原因，工程管线不得不在地上架空敷设，设计上要解决工程管线的架空敷设对交通、人员、建筑物及景观带来的安全及其他问题。类似地，在地上设置的工程管线相关设施，如变配电设施、燃气调压设施、室外消火栓等不仅要满足相关专业规范或标准的规定，在总图、建筑专业设计上也要解决这些地上设施可能对交通、人员、建筑物及景观带来的安全及其他问题。

5.2.3 建筑布置安全性评价。目前，除了基本包括所有大型公共建筑类型的《民用建筑设计通则》（GB 50352—2005）和《城市道路和建筑物无障碍设计规程》（JGJ 50—2001）外，已颁布的不同行业设计规范有：

办公建筑：《办公建筑设计规范》（JGJ 67—2006）；

商业建筑：《商店建筑设计规范》（JGJ 48—88 ）；

科教文卫建筑：《博物馆建筑设计规范》（JGJ 66—91）、《中小学校建筑设计规范》（GBJ 99—86）、《档案馆建筑设计规范》（JGJ 25—2000）、《电影院建筑设计规范》（JGJ 58—2008）、《剧场建筑设计规范》（JGJ 57—2000）、《文化馆建筑设计规范》（JGJ 41—87）、《体育建筑设计规范》（JGJ 31—2003）、《图书馆建筑设计规范》（JGJ 38—99）、《综合医院建筑设计规范（试行）》（JGJ 49—88）、《疗养院建筑设计规范》（JGJ 40—87）、《老年人建筑设计规范》（JGJ 122—99）；

交通建筑：《港口客运站建筑设计规范》（JGJ 86—92）、《汽车库、修车库、停车场设计防火规范》（GB 50067—97）、《铁路旅客车站建筑设计规范》（GB 50226—2007）、《铁路车站及枢纽设计规范》（GB 50091—99）。

以上规范针对行业特点，对建筑物的平面布局、层高、地下室、避难层和架空层、厕所和浴室、台阶和栏杆、电梯和楼梯、门窗、幕墙、楼地面、管道井、室内外装修等内容进行了规范。本节条文是从上述相关规范中归纳总结出与建筑物安全息息相关的内容，并进行特别强调。

1. 建筑布置与使用者的关系密切，设计应以人为本，满足使用需求，功能分区应明确合理，使用方便，配套设施与建筑使用协调。建筑水平垂直交通组织应与建筑使用功能匹配，不同行业、类型的大型公共建筑应符合国家、行业相关标准和规范。

2. 安全疏散通道，包括耐火等级、安全出口、疏散楼梯和走廊等，应严格按照现行国家标准《建筑设计防火规范》（GB 50016）和上述各种类型公共建筑的设计规范设计。对于办公建筑、旅游建筑、医疗建筑、通信建筑等，根据使用功能，应使大多数房间或重要房间布置在有良好日照、采光、通风和景观的部位。对有私密性要求的房间，应防止视线干扰。对于图书馆、博物馆、展览馆、办公建筑、医疗建筑等应避免西晒和眩光。对保存在博物馆、展览馆等建筑内的藏品，应注意防烟尘、防有害气体、防虫、防鼠、防盗。对医院、展览馆、电影院等部分空间需要防噪处理。

3. 应按照室内允许噪声级要求进行减振、消声处理。平面布置中，不宜将有噪声和振动的设备用房设在主要用房的直接上层或贴邻布置，当其设在同一楼层时，应分区布置。

4. 建筑外装修材料，如贴面砖、玻璃幕墙等应慎重选择品种和安装方式，在不破坏建筑外形设计的基础上选用牢固可靠的安装方法和相应的材料。建筑外部件防坠落措施应合理得当，与周围环境协调，实用美观，保证一般自然天气变化和日常使用过程的安全。

5. 出于城市规划需要，部分大型公共建筑会作为应急避难所使用，提供避难所需要的单独供水、供电设备、管线系统、照明设施等生活必要条件。

5.2.4 建筑防火安全性评价。建筑防火设计必须遵循国家的有关方针政策，从全局出发，统筹兼顾，正确处理生产和安全、重点和一般的关系，积极采用行之有效的先进防火技术，做到满足需要，保障安全，方便使用，经济合理。

目前，已颁布的防火设计规范有：《建筑设计防火规范》（GB 50016—2006）、《高层民用建筑设计防火规范》（GB 50045—95）、《供配电系统设计规范》（GB 50052—95）、《火灾自动报警系统设计规范》（GB 50116—98）、《自动喷水灭火系统设计规范》（GB 50084—2001）、《汽车库、修车库、停车场设计防火规范》（GB 50067—97）、《建筑灭火器配置设计规范》（GB 50140—2005）、《建筑内部装修设计防火规范》（GB 50222—95）。

评价防火安全性以上述防火规范为依据，部分大型公共建筑造型、结构新颖，没有相关设计规范，需要进行单独的防火安全分析。

5.2.5 建筑技术、材料和设备安全。部分大型公共建筑造型复杂新颖、设备要求较高、工艺设计环节众多，本节主要针对有上述特点的大型公共建筑进行技术、材料和设备方面的安全分析。

1. 建造过程中应使用比较成熟的建筑技术，降低事故发生概率，对于因建筑设计原因需要使用新颖建筑技术的项目，需慎重考虑。进行建筑技术多方案比选时，宜采用成熟的技术手段，对施工人员、设备、财产等的安全性多加注意。

2. 建筑结构、布置、装饰用材须符合国家行业标准。钢筋、混凝土等基础建材质量品级是保证建筑结构安全的关键，装饰、布置材料选用应与建筑使用区域、功能特点匹配，针对有害物质的挥发和放射性进行检测，考虑材料老化、变色等的外观问题，满足使用人员健康、卫生、无害、美观的要求。应符合现行国家标准《建筑内部装修设计防火规范》（GB 50222）、《民用建筑工程室内环境污染控制规范》（GB 50325）等有关标准的规定。

3. 大型公共建筑往往使用者众多，社会影响大。它对正常运行的需求远大于一般建筑，因此应提高设备的安全冗余度，配备备用设备以应对紧急情况发生。

4. 为了建立快速有效的应急反应机制，应从硬件上提升建筑的安全性。

5.3 建筑安全管理

仅仅依靠建筑物的安全性来保障使用者安全是远远不够的，合理适度的安全管理制度将大大提高使用安全性。而且相比保证建筑物的安全性来说，建立安全管理制度成本低、针对性好、效率高，是目前需要大力推广的可以提高建筑使用安全新的方法之一。

5.3.1 安全管理制度具体包括识别安全管理范围，确定安全管理人员及其任务和职责，编制日常安全事件的操作流程和紧急事件发生时的应对措施。活动组织计划包括人流、车流、物流的交通组织，临时性设施的增设计划。应急管理预案是面对突发性事件的处理办法。

5.3.2 人员培训与教育。部分公共建筑设备复杂，对专业技能要求高。为保证机械设备使用过程安全，应提出培训机械设备操作人员的计划，或者提供可能聘请的有经验的操作人员列表。

5.3.3 建筑抵抗恐怖袭击的安全措施。常见恐怖袭击方式分为常规手段和非常规手段。常规手段有爆炸、枪击、劫持、纵火等，非常规手段一般通过核与辐射、生物、化学和网络等工具进行恐怖袭击。

与自然灾害不同，恐怖袭击总是袭击建筑物脆弱的部位。从技术角度及成本收益的角度都不可能防止所有类型的恐怖袭击，所以，需要找出影响建筑物的主要威胁，进行针对性地预防。大型公共建筑知名度高，恐怖分子易接近建筑物，现场人员较多，一旦被袭击对周围环境和社会影响巨大，最容易成为恐怖分子袭击的目标。因此防恐安全评价格外重要，需重点考虑。

防恐安全应考虑建筑面临的威胁，进行资产价值评估和易损性评估，针对建筑的薄弱环节，即资产价值和易损性进行分析，有效防御和加固。

资产价值评估是识别建筑关键资产，包括人员、信息、设备、结构等，分析各种资产受损后价值损失程度，确定主要保护对象。建议分析资产价值时着重考虑对建筑现场、建筑外形、结构系统、维护系统、设备系统、机械系统、管道系统、电力系统、火灾报警系统、通信系统等建筑关键资产进行评估。

易损性评估是一个分析系统中存在的薄弱环节的过程，以对建筑物防御能力的分析为基础，对分析过程暴露出的问题进行研究，确定恐怖袭击发生时由于这些问题而导致的后果严重程度，如人员伤亡及财产损失程度等。应分析该部分是否存在薄弱环节，薄弱环节是否容易被发现，是否存在相应的防范措施，现有的防范措施在灾害发生时能起到多大的作用，突发事件的发生对该部分的影响，该部分损坏后对人员及建筑的影响。

5.4 建筑对周边环境安全的影响。多数大型公共建筑因其区别于一般建筑的特性，对周边人员、城市交通环境和基础设施等的影响较大。例如观演建筑，人员出入频繁、使用时间集中，大大增加周边道路交通流量，易造成周边居民出行安全隐患。医疗建筑，运营期间会产生大量医疗废弃物，处置不当易传播疾病。在选址阶段，应该考虑大型公共建筑项目对周边环境的影响，尽量采取有效措施把安全危害降到最低，如果安全危害没有有效措施应对，应考虑把建筑移到其他合适的位置，如无合适的位置，应考虑暂停立项。

5.4.1 建筑对周边人员安全的影响。人与建筑的关系应以“和谐相处”作为基本出发点，贯彻可持续发展的战略，树立整体观念、生态观念和发展的观念，人 - 建筑 - 环境应共生互惠、协调发展。公共建筑以便民、利民为目的，若因新建公共建筑带来对周边人员的巨大安全隐患，则得不偿失。

在进行可行性研究和初步设计阶段，一方面，为保证周边人员的安全、卫生和健康，应选择对周边环境影响少的外立面造型和合理可行的保护措施；另一方面，建筑工程也不应破坏当地生态环境，不应排放三废等造成各种危害，并应进一步绿化和美化环境，提高环境设施水平。

5.4.2 区域交通流的影响。部分大型公共建筑，如观演建筑、体育建筑和办公建筑等，公众使用频率高、使用时间集中，会带来周边道路交通压力，应对新建建筑带来的区域交通流影响进行分析，重点分析建筑道路的人车分流情况以及道路车流量预期变化是否超过原设计容量，考虑是否需要对区域交通系统进行相应调整，需要调整的在建筑设计中应附有周边区域交通系统调整建议书。

5.4.3 配套基础设施的影响。大型公共建筑体量大、资源消耗量多，可能带动地区或城市的水、电、气等资源需求量大幅增加。不同地区的市政基础设施条件不同，大型公共建筑在选址时应考虑区域资源供应水平。对资源供应不足的地区和城市，在可行性研究阶段应考虑增建配套基础设施，补足公共建筑需求，保障建筑顺利建造和日常运行。

6 投资估算、融资与经济评价

6.1 依据国家发展和改革委员会与原建设部2006年颁发的《建设项目经济评价方法与参数》（第三版），本章主要论述在大型公共建筑项目经济评价中应特别关注的内容，其他内容可参考《建设项目经济评价方法与参数》（第三版）。

6.2 投资估算。

6.2.1 总投资构成。建设投资由工程建设费用（包括建筑工程费、设备购置费、安装工程费），工程建设其他费用，以及预备费用组成。

基本预备费以工程建设费和工程建设其他费用之和为计算基数，涨价预备费则以工程建设费、工程建设其他费用和基本预备费之和为计算基数。

对于有运营收入的大型公共建筑项目，建设投资应单列设备与安装费用中包含的增值税进项税。

项目总投资有别于“作为计算资本金基数的总投资”，后者包括建设投资、建设期利息与不超过30%的流动资金。

6.2.2 项目投资形成的资产。工程建设费用与预备费全部计入固定资产；工程建设其他费用中，一部分按规定可计入固定资产，称为可计入固定资产的工程建设其他费用，主要包括建设单位管理费、可行性研究费、研究试验费、勘察设计费、环境影响评价费、场地准备及临时设施费、引进技术和引进设备其他费、工程保险费、联合试运转费、特殊设备安全监督检验费和市政公用设施建设及绿化费等，其余部分可分别计入无形资产或其他资产。

项目取得的土地使用权通常应确认为无形资产，但改变土地使用权的用途、用于出租或增值目的时，应当将其转为投资性房地产。

在土地上自行开发建造厂房（大型公共建筑）等地上建筑物时，土地使用权与地上建筑物应当分别进行摊销和提取折旧。但下列情况除外：

（1）房地产开发企业取得土地用于建造对外出售的房屋建筑物，相关的土地使用权应当计入所建造的房屋建筑物成本。

（2）企业外购的房屋建筑物支付的价款应当在地上建筑物与土地使用权之间进行分配；难以分配的，应当全部作为固定资产，并按会计准则作相关处理。

项目总投资与项目形成的资产对照可见图6-1。

6.2.3 投资估算的要求。

1. 投资估算可依据的资料有：

（1）项目建议书、可行性研究报告的建设方案设计以及设计参数。

（2）工程造价指标：投资估算指标、概算指标、技术经济指标。

（3）工程所在地材料、设备预算价格及市场价格。有条件时可列出材料表与设备表（区分通用设备与专用设备）。

（4）工程所在地工程取费标准，如其他直接费、现场经费、间接费、利润、税金以及与建设有关的其他费用标准等。特别要注意区分工艺设备与通用设备取费标准的差异。

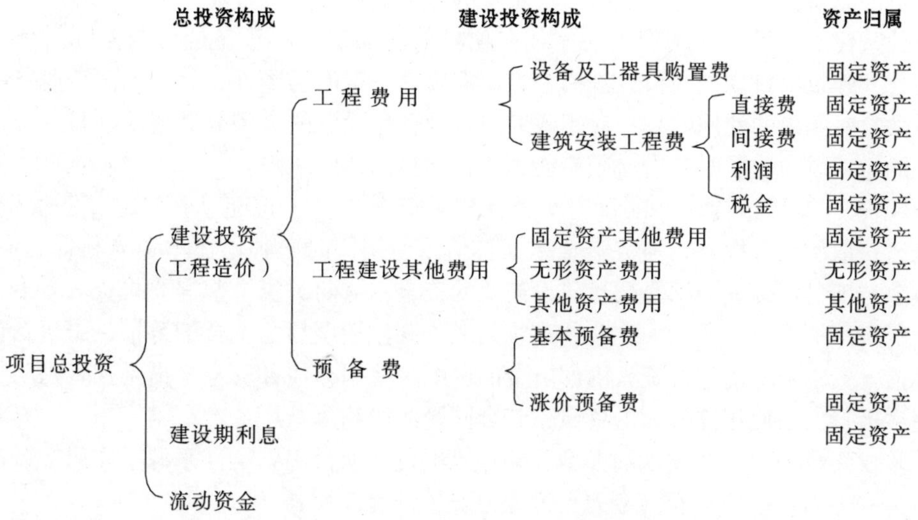

图 6－1　总投资构成与形成资产

（5）工程现场情况，如地理位置、地质条件、交通、供水、供电、市政设施条件等。

（6）其他参考数据，如建设工期、材料、设备运杂费率、施工水平、劳动力就业情况等。

（7）类似工程概预算。

2. 建设投资可采用简单估算法与分类估算法估算。简单估算法包括单位生产（服务）能力估算法、生产（服务）能力指数法、比例估算法、系数估算法和指标估算法。分类估算法指对建筑工程费、设备购置费、安装工程费、工程建设其他费用、基本预备费和涨价预备费分别估算。有条件时，应当先估算典型（或子系统）工程量，再套用相关定额计算相关类型工程投资。异型建筑投资估算不宜使用简单估算法，一般应采用详细分类估算法。

3. 随着前期工程设计工作的深入，投资估算内容表述应逐步详细，估算精度也应逐步提高。投资估算的经验误差率一般要求为：项目建议书阶段为 ±20% 以内，可行性研究阶段 ±10% 以内。

采用政府直接投资、资本金注入方式的投资项目，在建设过程中确需调整项目概算的，由项目单位提出调整方案，按规定程序和权限报原概算审核部门批准。概算调整超过批复概算 10% 的，一般应当经同级审计部门审计后由原概算审核部门根据审计结果进行调整。

6.3　融资分析。

6.3.1　融资模式。政府融资模式包括政府资金直接拨付项目财务主体，也包括以政府投资公司的名义出资。由政府投资公司组成的融资平台可以集中政府的财力办大事，但应注意防范不顾财政实力盲目借贷（包括银行借款和向民间集资）的风险。

政府与企业合作投资的大型公共建筑项目，往往存在地方政府有形或无形的担保或融资平台，项目采取政府特许权运营的方式委托运营商运营。这种项目在融资阶段就应既考虑出资企业的利益，更要考虑不能给项目服务的目标群体带来沉重的财务负担。

大型公共建筑项目运营风险主要体现在项目的功能定位和服务能力与实际需求的矛盾。大型公共建筑项目规划与设计规模一方面需要有一定的前瞻性，另一方面需兼顾项目当前与不太长时间内的使用效率。对于政府与企业合作投资的大型公共建筑项目，应注意防范企业的运营风险，同时政府必须有能力承担项目的运营风险。

6.3.3 资金来源与资金构成。项目资本金（权益资金）对于拟建项目是非债务性资金，它可以依法获取所有者权益。债务资金是项目借来使用同时必须偿还本金与利息的资金。项目资本金与项目债务资金都是项目建设需要的资金，这两类资金都需要投资人筹措，包括项目投资所用资本金，所以大型公共建筑的融资既包括项目资本金的筹措，也包括债务资金的筹措。资本金筹措是投资人内部资金的调配与使用，债务资金筹措是投资人与债权人之间建立借贷关系使用债权人的资金，其合同受法律约束。

对于政权建设类无运营收入的大型公共建筑项目，项目用款全部来源于政府，政府投资机构应量入为出，根据政府资金的支付能力安排投资计划。

股份指为项目出资但不要求投资回报，股权指为项目出资同时可以享受投资的收益。

6.3.4 项目资本成本。企业资本金成本（权益资本成本）可采用资本资产定价模型、税前债务成本加风险溢价法和股利增长模型等方法进行计算，也可直接采用投资方的预期报酬率或既有企业的净资产收益率。

债务资金成本应通过分析各种可能的债务资金的利率水平、利率计算方式（固定利率、浮动利率）、计息（单利、复利）和付息方式，以及宽限期和偿还期，计算债务资金的综合利率，并进行不同方案比选。

对于政府与企业合作投资的大型公共建筑项目，政府资金一般宜作为项目的资本金。实际工作中，如果政府资金要求投资回报，政府资本金的资本成本可取长期国债利率取；如果政府资金不要求回报，政府资本金的资本成本可取0。

6.3.5 资金可靠性分析。无运营收入的大型公共建筑项目，应分析政府资金的充足性、及时足额到位的可能性。

有运营收入的大型公共建筑项目，应分析项目资本金，特别是政府资金，充足性与保障率的可靠性。

有政府性担保的大型公共建筑项目，应分析担保的合法性与可能性。

企业投资或政府企业合作投资的大型公共建筑项目，应分析企业认缴股本的能力及其债务融资的担保能力。

6.3.8 流动资金投资。大型公共建筑项目流动资金一般可采用参考指标法（扩大指标法）估算，有必要时才采用详细估算法估算。采用详细估算法时，应合理确定资金周转天数，以提高流动资金计算的准确性。

6.4 经济评价。从经济评价的角度，建设期是从建设项目大量投入资金（如新设法人登记注册）或开工建设起到项目正式运营之前的时间段。建设期宜参照项目的合理工期确定，运营期为项目正式运营开始到项目计算期结束的时间段。对于某些分期（阶段）建设的项目，第一期的建设期为纯建设期。

6.4.1 财务分析。

1. 政府投资项目与企业投资项目的财务分析。政府投资项目使用公共资金，企业投资项目使用私人资金，尽管它们适用的政府管理程序不同，但是都有赖以生存的运营活动，在这个意义上政府投资项目与企业投资项目的财务分析内容没有区别，分析流程也没有区别。

2. 财务收入。项目的运营收入指项目财务主体通过提供服务获得的运营收入，其量为项目产出（服务）量乘以价格。视项目的运营模式，计算运营收入的价格可以用实际成交价格，也可以用预期财务价格。

实际成交价格是在供应商提供服务、消费者享受服务时实际发生的单位服务的货币表现，实际成交价格可以由供求双方谈判或博弈而成，也可由政府根据财政和消费者的支付能力确定。

公共建筑提供的服务价格多为含税价格，即价格中包括营业税。运营收入应逐年计算。对于部分大型公共建筑，应充分考虑利用率。

对于配套类公共建筑，应在估算整个项目运营收入的基础之上，分解出公共建筑所提供的服务的运营收入。

政府补助收入指在项目运营期内政府以各种形式经常性地给予项目的资金支持，各种形式的税收返还也计入补贴收入。

3. 财务支出与总成本。项目运营成本是项目运营期不含财务费用与税金支出的经常性支出，包括人工费（职工薪酬）、燃料动力费、材料费、修理费及其他费用。运营成本应逐年计算。对于大型项目中的公共建筑子项目，应在估算整个项目运营成本的基础之上，分摊出公共建筑本身的运营成本。

财务费用指运营期按当期债务余额计算的利息。

5. 偿债能力分析。利息备付率和偿债备付率是项目运营期初偿还债务能力的表现原则上，除运营期初外，利息备付率和偿债备付率应大于1。

6. 盈利能力分析（折现与非折现）。融资前分析利用项目投资现金流量表，融资后利用资本金现金流量表。

折现盈利能力分析可用于计算项目收入抵偿支出的能力：利用项目投资现金流量表，设定财务内部收益率为0，返算财务收入，可以确定包括抵偿运营成本和回收投资的财务收益水平。

利用资本金现金流量表，设定财务内部收益率为0，返算财务收入，可以确定抵偿运营成本和债务、回收投资的财务收益水平。

7. 财务可持续性分析。拥有足够的经营净现金流量是财务可持续的基本条件，特别是在运营初期。一个项目具有较大的经营净现金流量，说明项目方案比较合理，实现自身资金平衡的可能性大，不会过分依赖短期融资来维持运营；反之，一个项目不能产生足够的经营净现金流量，或经营净现金流量为负值，说明维持项目正常运行会遇到财务上的困难，项目方案缺乏合理性，实现自身资金平衡的可能性小，有可能要靠短期融资来维持运营。

各年累计盈余资金不出现负值是财务生存的必要条件。在整个运营期间，允许个别年份的净现金流量出现负值，但不能容许任一年份的累计盈余资金出现负值。一旦出现负值应适时进行短期融资，该短期融资应体现在财务计划现金流量表中，同时短期融资的利息也应纳入成本费用和其后的计算。较大的或较频繁的短期融资，有可能导致以后的累计盈余资金无法实现正值，致使项目难以持续运营。

6.4.2 经济费用效益分析。

1. 费用效益识别。大型公共建筑项目体现的主要经济效益因素有：项目实体的运营收入，增强群众体质，提高人民健康水平、提高教育文化水平、节省旅行时间、扩大信息交流等。具体指标可参考相关行业的资料。

大型公共建筑项目造成的主要经济费用因素有：项目实体的运营成本，项目对环境产生的不利影响，项目对利益相关者造成的经济损失等。

2. 费用效益估算。经济费用估算的原则为机会成本或补偿意愿。经济效益估算的原则为消费者支付意愿。

经济费用或效益的估算方法有替代成本法、预防性支出法、置换成本法、机会成本法等、隐含价值法、产品替代法与成果参照法等方法。

必要时项目的效益可用次优方案的费用代替。

3. 费用效益指标分析。经济费用效益分析适合于经济效益可以货币化的项目。

费用效益分析用的指标计算公式与财务分析用指标的计算公式数学表达式一致，仅流量内涵表示不同。

6.4.3 方案经济比选。

1. 费用比选法。

（1）费用现值比较法，计算备选方案的总费用现值并进行对比，以费用现值较低的方案为优。费用现值法计算公式为：

$$PC=\sum_{t=1}^{n}(CO)_t(P/F,i,t) \qquad (6-1)$$

式中：$(CO)_t$ ——第 t 期现金流出量；

n——计算期；

i——折现率；

$(P/F,\ i,\ t)$ ——现值系数$\left[\frac{1}{(1+i)^n}\right]$。

（2）费用年值比较法，计算备选方案的费用年值并进行对比，以费用年值较低的方案为优。费用年值计算公式为：

$$AC=\left[\sum_{t=1}^{n}(CO)_t(P/F,i,t)\right](A/P,i,n) \qquad (6-2)$$

式中：$(A/P,\ i,\ n)$ ——资金回收系数$\left[\frac{i\ (1+i)^n}{(1+i)^n-1}\right]$，其他符号同前。

备选方案的计算期不一致时，应采用费用年值公式。

2. 效益比选方法。

（1）净现值比较法，比较备选方案的财务净现值或经济净现值，以净现值大的方案为优。比较净现值时应采用相同的折现率。

（2）净年值比较法，比较备选方案的净年值，以净年值大的方案为优。比较净年值时应采用相同的折现率。

（3）差额投资财务内部收益率法，使用备选方案差额现金流，应按下式计算：

$$\sum_{t=1}^{n}[(CI-CO)_{大}-(CI-CO)_{小}](1+\Delta FIRR)^{-t}=0 \qquad (6-3)$$

式中：$(CI-CO)_{大}$——投资大的方案的财务净现金流量；

$(CI-CO)_{小}$——投资小的方案的财务净现金流量；

$\Delta FIRR$——差额投资财务内部收益率。

计算差额投资财务内部收益率（$\Delta FIRR$），与设定的基准收益率（i_c）进行对比，当差额投资财务内部收益率大于或等于设定的基准收益率时，以投资大的方案为优；反之，投资小的方案为优。在进行多方案比较时，应先按投资大小，由小到大排序，再依次就相邻方案两两比较，从中选出最优方案。

7 社会评价

7.1 大型公共建筑项目社会评价的理论和方法建立在以人为本的发展观基础上。按照科学发展观的要求，不仅要考虑项目对所在地人口和社会的影响，同时要考虑受影响人口对项目的反作用，即要充分考虑项目与当地人口之间的互动关系以及由此产生的对项目、对人的影响，关注项目与当地社会的相互适应性。

大型公共建筑项目的社会评价按照严格的因果逻辑关系进行。第一，分析判断项目给当地社会和人口带来的影响；第二，分析个人、群体、组织机构分别受到的影响以及他们各自与项目的利益、利害关系，并在此基础上对受影响人口进行分组，识别利益相关者；第三，分析每一个利益相关者对项目作出的反应和对项目的要求，分析不同利益相关者对项目的反作用以及项目因此受到的影响；第四，分析项目与不同利益相关者之间的利益、利害关系能否在现行法律制度规定下实现平衡，不同利益相关者合理合法的利益要求能否得到满足，分析项目与不同利益相关者之间的相互适应性水平；第五，分析项目发展的社会可行性和社会可持续能力，即如果项目与当地社会能够实现各自的利益平衡，能够满足不同利益相关者合理合法的利益要求，那么项目就是适应当地发展和不同利益相关者要求的，反之，项目是不适应当地发展要求的；第六，根据上述分析判断提出相关的建议。

社会评价采用逻辑框架分析方法确定项目不同阶段、不同层次的投入、产出、影响以及与当地社会的互动关系。采用利益相关者分析方法确定受到项目影响的利益相关者，分析不同群体在项目中受到的影响以及它们对项目的态度和反应。

7.2 社会影响分析。大型公共建筑项目产生的社会影响是多方面的，在分析项目产生的社会影响过程中，应当尽可能覆盖项目产生的各种直接影响和间接影响。大型公共建筑项目通常在人口密集区域建设，影响人口多、范围广，其社会影响的分析更加重要。

分析项目产生的社会影响，其目的是将项目的不利影响降低、有利影响扩大，因此，在分析判断项目社会影响的基础上，应当对项目建设方案的优化调整提出相关建议。

项目产生的社会影响，无论直接影响或者间接影响，最终的承受者都是相关的人，即不同的利益相关者。关注受项目影响的不同利益相关者是“以人为本”科学发展观的具体体现。

7.3 利益相关者分析。

7.3.1 识别受项目影响的利益相关者。首先要识别的是不同的利益相关者与项目之间的利益利害关系。在本条中，依据项目对利益相关者的直接、间接影响关系，以及不同利益相关者因项目受益或受损的关系来识别不同的利益相关者。实践中，不同的利益相关者可能既受项目直接影响，又从项目中受益，也可能受项目间接影响，但因项目而受损。多种情况均有可能存在，在分析判断过程中需要仔细甄别和确定。受大型公共建筑项目影响的利益相关者，除了受项目建设影响的人群外，还包括项目建成后的使用者、服务对象等。

7.3.2 分析不同利益相关者在项目建设过程中的地位和权力状况。任何一个受项目影响的利益相关者，其拥有的社会地位和权力决定了其在项目过程中受到影响后的反应能力和对项目的反作用水平。拥有较高社会地位和较大权力的利益相关者，在受到项目影响时，往往有更大的能力保护自身利益或者从项目中获益，而相对弱势的群体，则可能因无力保护自身而面临更大损失。从社会公平、公正，以及建设和谐社会的角度出发，对弱势群体的保护是一个重要的工作。在社会评价中，为识别和判断拥有不同社会地位和权力的群体在大型公共建筑项目建设过程中受影响程度的差异性，应分析不同利益相关者在项目建设过程中的地位和权力状况，并识别出需要特别关注的弱势群体，以保证社会公平性。识别受项目影响的不同利益相关者的地位和权力状况，不仅有利于详细、准确地分析判断项目可能受到的作用和影响，而且有助于保护弱势群体。

在识别了不同的利益相关者后，下一步需要识别项目与受影响利益相关者之间的利益、利害关系，详细分析不同的利益相关者在项目过程中受益或受损的具体情况，包括受益或受损的具体表现形式、受损者的补偿、受益者付出的代价等。

分析项目对不同利益相关者的影响程度的目的是进一步明确究竟哪一些利益相关者受到项目影响程度最大，哪一些受益或受损最多、哪一些受益或受损最少。通常情况下，受益者支持项目，受损者反对项目，受益者与受损者之间的比例确定了项目受支持或被反对的力量对比，对项目与当地社会的相互适应性有较大影响。通过这些分析，可以判断项目的有利影响与不利影响的比例关系，有助于判断项目的社会可行性水平。

7.3.3 分析不同利益相关者对项目的态度及影响。分析受影响的利益相关者对项目的反应和要求，主要考虑各种利益相关者在项目建设过程中，因受项目影响而必然产生的、对项目的主动或被动影响和作用。按照受影响群体的行为，分为主动影响和作用、被动影响和作用，对应地，是受影响利益相关者对项目的主动参与和被动参与。按受影响利益相关者行为的结果，分为正面影响和作用、负面影响和作用。正面影响和作用有利于项目与利益相关者之间的和谐与共同发展，负面影响和作用将导致或加剧项目和利益相关者之间的矛盾和冲突，影响项目的建设和当地社会的发展。

在评价中充分考虑受项目影响人口对项目的反应和影响，是以人为本发展观在项目评价中的具体体现。以人为本具有双向性要求，且在大型公共建筑项目中较为明显，即从项目方面来说，要通过项目的建设为人们提供相关的服务，而另一方面，还要考虑人们需要不需要项目可能带来的服务。充分考虑人的主动性对项目的影响，是社会评价的基本原则之一。此节内容的分析重点是不同的利益相关者因受到项目不同的影响而对项目产生的综合反应。其目的是分析人们对项目的反应和作用，并在此基础上进一步分析项目与当地社会的相互适应性。

7.4 分析项目与当地社会发展之间的相互适应性。项目与当地社会之间的相互适应性指的是项目与当地社会之间的相互协调、认知和认同，彼此间存在的共同利益大于相互矛盾和冲突。在项目与利益相关者之间，因项目建设导致当地社会现状环境的破坏以及相关利益相关者的利益受损，是造成项目与当地社会之间的矛盾和冲突的首要原因。因此，在项目与当地社会之间，项目建设应当主动适应当地社会的发展，而不是当地社会适应项目的建设。

7.4.3 项目与生态和自然环境之间的相互适应性。项目与当地社会的相互适应性涉及三个方面，一是项目与当地经济社会发展总体目标的相互适应性；二是项目与受影响利益相关者的相互适应性；三是项目与当地生态和自然环境之间的相互适应性。三个方面的相互适应性分析重点不同，当最终还是集中在项目与人之间能否相互适应这一核心之上。社会评价的理论认为，人是推动发展的主体，同时也是发展成果的承受者，三个方面的相互适应性集中到项目与人之间的相互适应上，是这一认识的具体体现。项目与当地社会的相互适应性的判断，主要看项目是否适应当地社会的发展需要、是否满足人们的利益诉求、是否能够在特定环境持续生存和发展。

7.5 分析项目面临的社会风险。在对项目产生的社会影响、不同的利益相关者对项目的态度和要求、项目与当地社会的相互适应性等多方面进行分析的基础上，进一步分析和判断项目可能面临的社会风险以及具备的持续发展能力。社会风险，指的是项目所在地不同的利益相关者反对项目建设而导致的各种阻碍项目建设和发展的因素与可能的行动。

项目可能面临的社会风险及其具备的持续发展能力，是“项目产生影响→不同利益相关者承受不同影响→对项目产生反作用→项目受到影响”这一因果逻辑关系分析判断的结果。没有项目的影响，就没有不同利益相关者对项目的反应和反作用，也就没有项目能否与当地社会相互适应的问题，而项目的存在，必然造成各种影响，而不同利益相关者受到项目影响后，必然对项目产生反应，即项目面临社会因素的影响和制约，社会风险随之产生。当社会风险程度高，超过项目承受能力时，项目的社会持续发展能力将出现问题。

7.6 征地拆迁及移民安置分析。作为特殊的社会影响，征地拆迁和移民将导致被影响人口的生产生活基础条件丧失，物质财富（如生活住房、商业用房、工业用房等）损失，社会关系破坏，生存和发展环境和条件改变，生活习惯和社会生活方式改变等。因此，对征地拆迁和移民安置需要进行专门的分析和评价。在征地拆迁及移民安置的分析评价中，重点关注：土地属性、土地使用权及附属建筑物的所有权分布和构成，与征地拆迁和移民安置相关的目标群体，征地拆迁补偿和移民安置补助标准和计划，移民安置计划及其实施方案，移民后期扶持计划及实施方案。

7.6.1 土地使用权及附属建筑物的所有权分析。在现行法律和政策规定中，我国土地所有制分为国家所有和集体所有，分别适用于城市和农村土地，且两种类型的土地征地补偿的政策、标准、方式均有一定的差异。识别项目占用土地的属性、土地使用权及附属建筑物所有权的分布和构成，其目的是根据国家现行土地所有制度下城市土地和农村土地征地过程中的相关政策和规定，对不同的土地使用者进行识别，并在此基础上进行后续的分析判断。

7.6.2 征地拆迁和移民安置计划及其实施方案。因实行不同的土地所有制，城市人口和农村人口的征地拆迁和移民安置根据相关政策采用不同的标准和方式，在识别与征地拆迁和移民安置相关的利益相关者时，应注意区分城市人口和农村人口。征地拆迁和移民安置是项目建设中各相关利益相关者意见最大、项目与受影响人口之间矛盾冲突最激励的环节，也是产生社会风险可能性最大的环节。详细了解与征地拆迁和移民安置相关的利益相关者的意见和要求，是分析判断项目与受影响利益相关者相互关系和适应性的重要内容。

按照国家有关要求，任何一个涉及征地拆迁和移民安置的项目都要制定并实施征地拆迁和移民安置计划。该计划的制订，应当根据受影响利益相关者的实际要求，在国家法律、政策框架内合理安排。分析判断过程中，应当重视计划的合法性、合理性和可行性，并着重分析受影响人口对此类计划的接受程度。

7.6.3 移民后期扶持计划及实施方案。当项目建设需要征地并因此引发拆迁、移民时，相关的补偿合理与否有一个基本标准，即受影响人口的生活水平不能因项目影响而下降。

在项目建设过程中，征地拆迁和移民安置计划仅仅是对受影响人口实行合理补偿的第一阶段，移民的后期扶持工作是维护移民长远利益和促进其长期发展的重要工作。因此，移民后期扶持计划及其实施，是评价的重点内容之一。

7.7 项目的持续发展能力。指的是项目因大多数利益相关者的支持而获得宽松的发展环境，并在此环境中获得长期发展，而且项目与当地社会人口共同获益。

7.8 提出化解、减缓社会风险，增强持续发展能力的对策措施。对项目面临的社会风险作出分析和判断后，应当有针对性地提出化解、缓解社会风险，增强项目持续发展能力的对策措施。相关对策措施的提出，以降低项目对当地社会的不利影响、使不同的利益相关者从项目中受益、吸引不同的利益相关者积极主动参与项目建设、促进项目与当地社会的相互适应和和谐发展为基本原则。

在项目的不同阶段，化解、缓解社会风险的对策措施应当有针对性和可操作性。在项目前期论证阶段，主要应当根据社会风险的分析结果，对设计方案进行必要的调整和修改，预防风险的产生；在项目的建设实施阶段，应当根据实际发生的以及潜在的社会风险，对项目的建设方案进行必要的调整和修改，化解出现的风险，预防后续风险；在项目建成后，应根据出现的社会风险提出化解措施，并对项目的管理、服务等进行优化调整，应对潜在社会风险。